KB018074

SOUS VIDE

수비드의 정석

김경호 정상길 안성준 최다현

제이알매니지먼트

이런 수비드 이론서가 세상에 나와 자랑스럽습니다

7년 전 처음 수비드를 접했을 때, 국내는 물론 해외에서도 정보가 많지 않아 수비드를 공부하는 것이 참 어려웠습니다. 당시에는 이 책과 같은 이론서도 없었고 전문적인 요리 기사는커녕 초보자를 위한 유튜브도 없었기 때문에 직접 만들어보고 커뮤니티에서 정보를 공유하면서 공부해야 했습니다. 다행히 저는 수비드를 처음 접한 7년 전, 지은이를 만나 쉽고 빠르게 정보를 습득할 수 있었습니다. 지은이는 이러한 과정을 미리 경험한 선구자로서, 국내 커뮤니티와 강단에서 수비드를 교육하고 전파하고 있었기 때문입니다.

당시 저는 이 사람이 수비드에 대한 책을 쓴다면 주먹구구식의 자료가 아닌 한국식 표준 자료가 만들어질 수 있지 않을까 내심 기대했습니다.
그간 오랫동안 연구하고 공유한 결과물이 이 책으로 나왔다고 생각합니다. 제 기대에 걸맞게 내용도 충실하고, 이론을 배울 수 있는 자료가 충분히 들어 있습니다. 저 역시 이 책을 계기로 수비드를 다시 공부하게 되어 지은이에게 고마움을 느낍니다.

2017년 이후 수비드 연구를 시작한 분들은 예전에 얼마나 다양한 해석이 존재했는지, 요리하는 사람마다 방식, 이론에 대한 해석이 얼마나 다양했는지 잘 모르실 것이라 생각합니다.
그리고 국내에서 유일한 수비드 마스터 클래스 연구가가 있고, 그 사람이 수비드의 창시자인 구소 박사님과 세계적인 셰프 스탭스에게도 인정받은 셰프라는 사실도 모르는 분들이 많으리라 생각합니다. 그래서 더욱 아쉬운 마음이 있었습니다.

이 책의 지은이는 수비드가 한국에 소개될 때부터 해외 자료를 번역해서 공유하고, 직접 실험한 결과를 공개하였습니다. 널리 퍼져 있어 모두가 보편적이라 생각하는 수비드 레시피 상당수가 지은이가 연구해서 정립한 이론입니다. 이 점을 독자 여러분께서는 알아주셨으면 합니다.

오랜 기간동안 국내에 양질의 수비드 콘텐츠를 소개해 준 지은이와 이 책을 출간해 준 출판사에 감사함을 전하며, 드디어 이런 책이 세상에 나올 수 있어 자랑스럽습니다.

조리백과 대표 임선준

주방에 비치하는 바이블과 같은 책

접근하기 쉽게 풀어놓은 수비드 조리법의 정석.

이 책을 읽자마자 제일 먼저 들었던 생각은 '수비드'라는 특별한 조리법을 가장 알기 쉽게 풀어놓은 정석적인 이론서라는 점입니다.

그래서 요리를 전공했거나, 요리사로 현직에서 일하고 있는 전문 셰프들에게 이 책을 적극적으로 추천하고 싶습니다.

이 책에서는 수비드에 대한 기초 이론부터 기기와 소모품의 종류, 실전 기법까지 자세히 설명하고 있습니다. 요리사들은 이론을 모른 채 관례적으로 하고 있는 수비드 조리법, 경험으로만 익힌 수비드 조리법을 되돌아보며 잘못 알고 있는 지식을 바로잡고 조리법을 재정립할 기회가 될 것입니다.

또한 이 책은 초보자들도 쉽게 수비드 조리를 할 수 있도록 식재료별 레시피와 다양한 식재의 조리법을 알려 주는데, 레시피만 늘어놓는 것이 아니라 해당 재료와 부위에 가해지는 온도와 시간, 그리고 그 이유까지 상세히 설명해 주는 것이 장점입니다. 취미로 수비드 조리를 하는 분들도, 이제 막 조리를 전공하기 시작한 학생들도 이 책으로 수비드 조리법을 다양하게 응용할 수 있을 것입니다.

이 책은 프로페셔널 셰프에게는 수비드 조리법을 재정립하는 계기가 될 것이고, 조리를 시작하는 학생에게는 수비드 조리법의 신비로운 가능성을 보여줄 것이고, 취미로 요리를 하는 일반인들에게는 수비드 조리법의 심플함을 알리고 호기심을 줄 것입니다.

내 주방 한구석에 놓고 두고두고 펼쳐볼 책, 수비드 조리법의 바이블같은 역할을 톡톡히 해낼 책.

많은 사람들이 이 책을 통해 수비드 조리법의 이론을 이해하고, 식재료별 시간과 온도를 완벽하게 활용하여 더 좋은 맛과 결과물을 만들어 내었으면 좋겠습니다.

현대그린푸드 총괄셰프 김형석

저자의 말

수비드Sous vide는 프랑스어로 진공 아래라는 뜻을 가지고 있는 조리 기법입니다.한국어로는 진공 저온 조리라고 부르기도 합니다.

국내에는 해외 출신 셰프들이 소개하면서 알려지기 시작했으며, 2010년부터는 스타 셰프 및 수비드의 아버지라고 불리는 브루노 구소Bruno Goussault 박사가 국내에서 특강을 하며 잠시 유행하였습니다.

국내에서는 2011년에 잠깐 각광받다가 2013년에는 관심이 사그라들었고, 2018년이 되어서야 프랜차이즈 및 개인 식당에서 선보이며 다시 인기를 얻게 되었으며, 2019년부터는 요리 유튜버들이 집중적으로 소개해 주면서 친숙하고 보편적인 요리가 되었습니다. 저희는 지난 10년 동안 이러한 현상을 지켜보고 수비드를 연구하면서 많은 생각을 하게 되었습니다. 왜 한국에서는 서양과는 달리 수비드 기법이 토스터나 전자레인지만큼 친숙하지 못할까? 왜 한국에서는 한때 수비드를 꺼려했을까? 이 물음에 답하기 위해 사람들이 수비드를 다시 좋은 요리법이라고 생각하게 될 때까지 어떤 일이 있었는지 알아보았습니다.

고민 끝에 내린 결론은 다음과 같습니다.

"수비드 기법은 식감을 조절하기 좋은 '중간' 조리 과정임을 잊고 요리하는 사람이 너무 많다."

과거 국내에 수비드를 선보였던 유명 셰프들과 매체는 수비드라는 기법을 이론적으로만 이해하거나, 국내 상황에 응용하지 못한 채 기술만을 소개해 왔음을 알게 되었습니다. 또한 국내의 취향과 맞지 않는 유럽식, 미국식 레시피에만 의존했기 때문에 일반적인 정서에 부합하지 못했습니다. 무엇보다도 수비드라는 조리 기법은 식자재의 평균적인 질을 높여 보다 맛있게 먹기 위하여 연구된 조리법임에도 불구하고, 국내에선 단순히 해외에서 온 최신 고급 조리법으로만 소개되었기에, 수비드의 좋은 점들이 부각되지 못하고 잊혀졌다고 생각합니다.

수비드는 가능성이 무궁무진한 훌륭한 조리법입니다. 수비드로 재료 저장 기간을 늘릴 수 있고, 재료의 활용 폭도 다양하게 늘릴 수 있습니다. 또한 인건비를 절감하고 조리 시간도 단축할 수 있습니다. 하지만 아직까지도 많은 이들이 수비드의 장점보다는 단점만을 생각하고 부정적으로 보고 있습니다.

"이 책은 오랜 세월 동안 수비드를 널리 알리려고 노력한 결정체로, 더욱더 많은 분들이 수비드를 쉽게 사용하기를 바라는 마음에서 만들었습니다."

이 책을 읽으시는 분들께서 수비드가 어렵다는 오해를 버리시고 요리 현장에서 쉽고 편리한 방법으로 수비드를 하여 맛있는 요리를 즐길 수 있으시기를 바랍니다.

2021년 6월

저자 일동

기초 이론BASIC

레시피RECIPE

기초 이론 BASIC

BASIC PART 1

수비드 개요

수비드란? / 수비드 기법 / 수비드에 대한 오해

수비드의 기원과 발전 / 수비드의 장점과 단점

수비드란?

수비드는 프랑스어로 **'진공 아래'** 또는 **'진공 속에'**라는 뜻입니다.

현대적인 의미로서의 수비드는 진공 포장한 음식을 수비드 기기(식품용 항온수조 기계)에 넣고, 일반적인 조리법보다 낮은 온도로 유지되는 물에서 가열 조리하는 방식을 뜻합니다.

수비드 기법

수비드 조리의 궁극적인 목적은, 식재료의 내부와 외부를 **'동일하게'** 익혀 통일성 있는 식감을 완성하는 것입니다.
수비드 조리가 이루어지는 일반적인 온도는 다음과 같습니다.

식재료별 추천 온도

육류	50~70℃
채소, 과일	80℃ 이상
해산물	40~60℃

이렇게 식재료에 따라 온도가 다른 이유는, 각 식재료에 들어 있는 주요 성분이 열에 반응하는 온도와 시간이 각각 다르기 때문입니다. 육류에 함유되어 있으면서 부드럽고 쫄깃한 식감을 주는 단백질인 미오신과 콜라겐은 50℃부터 변성이 시작됩니다. 반면 질겨지는 성질의 액틴은 섭씨 65℃에서부터 변성을 일으키기 때문에 일반적인 육류 수비드는 50℃ 이상 65℃ 이하를 권장하는 편입니다. 하지만 액틴을 파괴해서 질겨지는 것을 막기 위해 섭씨 65℃이상에서 장시간 조리하는 경우도 있습니다.

• 65℃ 이하에서 액틴이 파괴되지 않는다는 말은 아닙니다.

채소에 포함된 전분은 80℃ 이상부터 변성이 시작되고 과일은 섭씨 85℃부터 펙틴이 저하됩니다. 반면 과일과 채소의 식감에 영향을 주는 섬유질은 100℃ 이상부터 파괴되기 때문에 100℃ 이하의 수비드 조리 방식으로는 섬유질의 식감이 그대로 남습니다. 반면 과일과 채소의 아삭한 식감을 강화하기 위해 오히려 섬유질이 단단해지는 약 60℃ 부근에서 조리할 수도 있습니다.

마지막으로 해산물을 육류보다 좀 더 낮은 온도에서 수비드 조리하는 이유는, 해산물의 단백질 때문입니다. 해산물 단백질의 섬유 구조는 육류의 섬유 구조보다 섬세하며, 잘게 찢겨 있기 때문에 육류보다 낮은 온도에서 단백질의 변성이 시작됩니다. 따라서 육류보다 최소 10℃ 이상 낮은 온도에서 수비드 조리하는 것을 추천합니다.

이처럼 수비드 조리는 사용하는 식재료에 따라 조리 온도와 시간이 다르기 때문에 재료를 혼합해서 사용하는 것을 지양합니다. 만약 혼합 재료를 사용하고 싶다면 재료를 분리해서 각각 다른 온도에서 수비드한 후 합치는 방식의 조리를 권장합니다.

이런 특징 때문에 수비드가 기존의 조리법 대비 복잡하거나 시간이 많이 소요된다고 생각하실 수 있지만, 수비드는 결코 복잡하거나 어렵지 않습니다. 적절하게만 사용하면 기존 조리법보다 시간을 단축할 수 있는 좋은 조리 방법입니다.

수비드란 그 자체만으로 요리를 완성하는 것이 아니라 식자재의 식감을 원하는 대로 조절하고, 보존 기간을 늘릴 때 쓰이는 유용한 '중간' 조리 과정이라고 볼 수 있습니다.

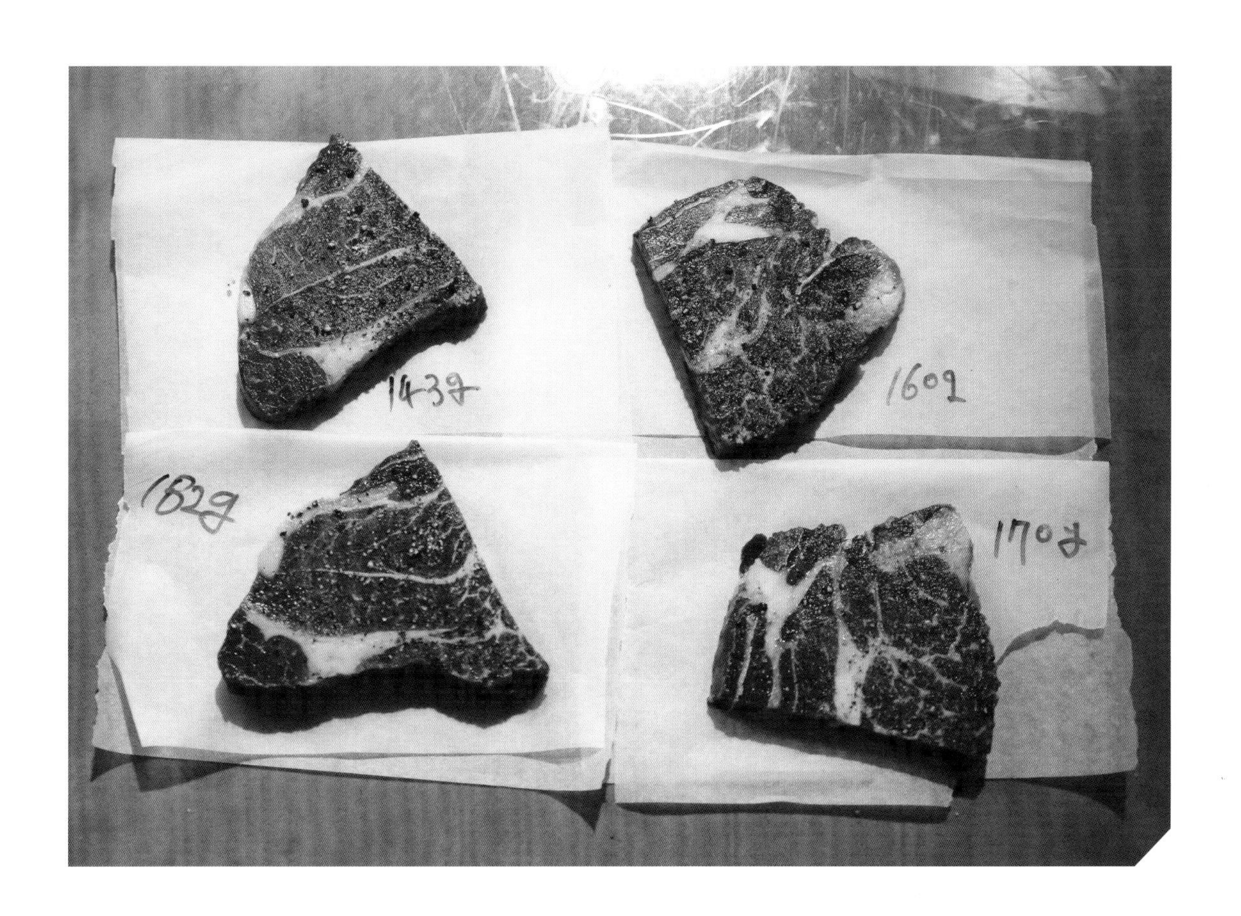

수비드에 대한 오해

국내에서는 '진공저온조리'라는 표현이 주로 사용되고 있지만, 진공이 꼭 필요하지는 않습니다. 또한 저온이라는 표현도 일반적으로 열을 가하는 조리법보다 낮은 온도여서 저온으로 불릴 뿐, 실제 수비드 조리의 온도는 인체가 느끼기에는 저온이 아닙니다. 목욕탕의 열탕 온도는 45℃ 이하지만 인간은 뜨겁게 느끼는데, 수비드 조리 온도는 일반적으로 50℃ 정도입니다. 화상을 입기 충분한 온도이며, 따라서 조리 시 부주의하게 기계를 다룬다면 다른 많은 가열 조리법과 마찬가지로 부상을 입을 수 있으니 유의해야 합니다.

두 번째 오해는, 수비드를 하면 자동으로 저온 살균된다는 생각입니다. 이는 국내에서 수비드 기법이 주로 육류를 조리할 때 쓰이기 때문에 생기는 오해라 할 수 있습니다. 수비드 온도로 육류를 조리할 때는 저온 살균의 효과를 볼 수 있습니다. 하지만 해산물의 경우, 되려 수비드를 했을 때 균이 증식되고 식중독을 유발할 수 있어 유의해야 합니다. 이런 문제 때문에 생긴 또다른 오해는 수비드가 오히려 세균에 취약하다는 통념입니다. 그러나 식자재별로 검증된 지식을 활용하여 안전하게 조리한다면 수비드는 기존 조리법보다 살균하기 좋은 조리법입니다.

수비드의 기원과 발전

수비드의 기원

요리는 음식 재료를 준비하고 섞어 주는 모든 활동을 말합니다. 각각의 재료를 위해 복합적으로 시간을 사용하고, 다양한 온도로 가열하며, 우리가 감각 기관을 통해 받아들이는 맛과 향, 질감 등을 향상 시키는 데 목적을 둡니다.

많은 문화권에서 공통적으로 발견되는 조리법 중 하나는 재료를 밀봉하고 천천히 조리하는 것입니다. 밀봉된 환경 안에서 조리되는 재료는 풍미가 한층 깊어집니다. 고대 중국에서는 진흙 냄비에 공기를 넣고 조리했습니다. 하와이 사람들은 통돼지를 잎으로 감싸서 불을 피운 땅 아래에 넣고 로스팅했습니다. 뉴칼레도니아 지역의 '타말레'라는 요리는 고기, 생선, 채소 등을 바나나 잎으로 감싸서 찌거나 끓입니다. 모두 단단히 묶고 낮은 온도에서 조리하는 요리입니다. 이 기술이 현대 수비드 조리법의 원리입니다.

현대의 수비드

현대의 수비드는 1960년대 후반 프랑스와 미국의 기술자들이 식품용 진공 포장에 사용하면서 연구하기 시작했습니다. 당시의 수비드 기술은 음식의 맛과 질감을 향상시키기 위해서가 아니라 식품 안전 지침을 지키기 위해 사용되었습니다.
포장된 식품을 폐쇄된 환경에서 일정한 온도로 유지하는 기법이기 때문에 실험실, 병원, 대규모 상업용 식품 회사 등에서 식품을 쉽게 살균할 수 있었고, 유통 기한도 늘어났습니다.

1974년 프랑스 요리사인 피에르 트로와그로Pierre Troisgros는 기존의 푸아그라 조리 방식에 만족하지 못했고, 새로운 조리법을 연구하기 위해 조수로 조르주 프랄뤼Georges Pralus 요리사를 고용했습니다. 프랄뤼는 요리를 할 때 진공 포장된 푸아그라가 가장 지방 손실이 적다는 사실을 발견했습니다.

비슷한 시기에 경제학자, 발명가이자 요리사였던 브루노 구소Bruno Goussault는 상업용, 병원용 식품을 개발하면서 유사한 조리법을 발견했습니다. 그는 1980년대에 조엘 로부숑Joel Robuchon 요리사와 협업하며 프랑스 철도공사를 위한 다이닝 프로그램을 만들었고, 수비드의 발판을 마련했습니다. 1989년 구소 박사는 퀴진 솔루션이라는 수비드 식품 제조, 포장 회사의 수석 과학자가 되었습니다.

수비드에 대한 관심이 꽃핀 것은 2000년대 초반부터입니다. 많은 요리사들이 인터넷에서 수비드에 대해 토론하기 시작했으며. 그중 손에 꼽히는 요리사는 토마스 켈러Thomas Keller입니다. 시카고의 그란트 악츠 Grant Achatz같은 미국의 유명 요리사들도 수비드를 활용하고 연구하기 시작했으며, 2005년에는 스페인의 분자미식학으로 유명한 호안 로카Joan Roca 셰프가 수비드에 대한 요리책을 냈습니다.

하지만 수비드 장비들이 고가이고 조리법도 낯설었기 때문에 가정에 보급되지는 못했습니다. 그래서 수비드 기술은 고급 레스토랑에서만 사용되는 조리법이라는 인식이 생겼습니다.

수비드의 대중화

2009년에 수비드 슈프림이라는 수비드 전문 브랜드가 런칭되면서 기존 수비드 기기의 반값에 불과한 가정용 수비드 기기가 나왔습니다. 2012년에는 더 저렴한 수비드 기기인 노미쿠가 출시되었고, 2013년에 아노바도 가정용 수비드 기기 판매 대열에 합류하기 시작했습니다. 2012~2014년에 걸쳐 가정용 수비드 기기 시장에서 전쟁이 벌어졌습니다. 다양한 컨셉의 수비드 기기가 쏟아져 나왔으며 결국 이 전쟁에서 승리한 아노바는 전 세계에 수많은 수비드 기기를 공급하는 데 성공했습니다.
2015년 이후 많은 수비드 기기 양산품들이 나왔으며, 현재는 중국에서 제조되는 저렴한 수비드 기기 덕에 동서양의 많은 가정에서도 간편하게 수비드 요리를 할 수 있게 되었습니다.

한국의 수비드

국내에서 수비드 조리법이 적극적으로 활용되기 시작한 시점은 2011년경이지만, 현지화에 실패하여 2013년 이후 침체기를 겪었습니다. 수비드가 국내에서 실패한 가장 큰 원인은 기존 전문가들이 수비드 기술을 정확하게 이해하지 못하고 국내 사용자의 취향을 고려하지 않은 채 외국 레시피를 단순히 적용하였기 때문입니다. 선호하는 식감과 섭식 방향성, 요리의 지향점 등이 나라마다 다르다는 점을 간과하고 해외 레시피대로만 조리하도록 권장하였기 때문에 많은 사용자가 등을 돌렸습니다. 특히 수비드 조리 시 생기는 육류의 핑킹 형상을 한국에서 선호하지 않는 것이 문제였습니다.

더불어 당시에는 고가였던 수비드 기기의 가격 때문에 밥솥이나 냄비에 온도계를 꽂고 조리하는 등 유사 수비드 기술이 빠르게 확산되었습니다. 수비드의 기본 개념을 제대로 지키지 않은 유사 기술로 조리하다 보니 결과도 좋지 못했고, 아예 실패하는 경우도 많았습니다. 그래서 일반 가정에서 수비드 조리를 하는 경우는 많지 않았습니다.

다행히 수비드를 제대로 연구하고 알리는 회사와 단체들의 노력으로 수비드에 대한 관심이 다시 생겨나고 있습니다. 2019년부터 유튜브 스트리머들이 수비드를 알리기 시작했습니다. 수비드를 이용한 프랜차이즈도 등장하면서 이미지가 개선되고 다시금 주목받고 있습니다. 현재는 저렴한 가정용 수비드 기기가 정식으로 수입되면서 가정에서도 손쉽게 수비드 조리를 할 수 있게 되었습니다.

수비드의 장점과 단점

수비드는 기존의 조리법과 상당히 다릅니다. 장점이 많지만 단점과 한계점도 명확합니다. 수비드의 특성을 염두에 두시고 조리하신다면 자신만의 개성을 가진 요리를 만드실 수 있을 것입니다.

수비드의 장점

1. 식자재의 가능성 최대화

수비드는 밀폐된 공간에서 조리하기 때문에 재료의 독특한 풍미를 극대화할 수 있습니다.

수비드 조리된 음식은 소화가 쉽고 다양한 식습관에 어울립니다. 또한 비타민이 파괴되지 않고 보존되어 영양적인 면에서도 우수합니다.

특히 기존 조리법보다 수분 함유율이 증가하고, 육류 조리 중 발생하는 20~50% 정도의 수분 손실률을 5~30% 정도로 줄여 줍니다.

2. 조리 시간 분배

수비드 조리의 최대 장점은 조리 온도와 시간이 일정하다는 점입니다. 그래서 정확한 레시피를 만들 수 있으며, 레시피대로 작업했을 경우 결과물도 일정한 품질을 보장합니다.

즉, 특별한 기술을 요구하지 않으며 매뉴얼대로 작업할 수 있어 조리하는 사람의 기술에 따라 결과물이 들쑥날쑥하지 않고 일정합니다.

수비드 요리는 사전에 반조리해 놓을 수 있어 요리 시 간단하게 후처리하거나 재가열하여 가니쉬할 수도 있고 바로 음식을 제공할 수도 있습니다. 또한 조리 작업 중 상당 부분을 사전에 준비하기 때문에 조리하는 사람이 바쁘거나 한가한 것에 상관없이 동일하게 조리할 수 있고, 식사 인원이 많아도 빠르게 요리를 제공할 수 있어 편리합니다.

3. 식자재 관리와 매뉴얼화

수비드 조리는 대량 조리와 관리에 최적화된 조리 방법입니다. 조리 과정을 지켜볼 필요가 없어 시간을 절약할 수 있습니다. 또한 정리 정돈이 쉽고 포션 및 프렙 작업이 매우 수월합니다.
이런 장점 덕에 레시피를 개발하고 제품의 퀄리티를 관리하기 쉬운 조리법입니다.

4. 보존 기간 향상

일반적인 조리법으로 만든 음식들은 짧게는 반나절에서 3일 정도로 보존 기간이 짧지만, 수비드 조리한 요리는 밀봉한 채로 냉장 보관하면 유통 기한이 크게 늘어납니다.
수비드로 조리한 해산물은 1주~2주, 육류는 3주~4주. 채소나 과일 또는 소스는 1개월~3개월 정도로 보존 기간이 깁니다.
또한 보존하기 위해 화학 첨가물을 넣을 필요가 없다는 점도 큰 장점입니다.

수비드의 단점

1. 전용 장비 비용

수비드에 반드시 필요한 기기는 수비드 기기와 진공기 두 가지입니다.
2021년 현재 해외 직구로 5만 원~10만 원 정도만 지불하면 가정용 수비드 기기를 구입할 수 있으며 모델도 다양합니다, 그러나 초창기의 수비드 기구는 100만 원이 넘었기 때문에 부담이 컸습니다.
가정용 진공기는 저렴한 모델도 있습니다. 하지만 높은 퀄리티의 수비드 결과물을 얻기 위해서 필요한 챔버형 진공기는 100만 원이 넘어갑니다.

소모품도 들어갑니다. 수비드는 공정 특성상 매번 작업할 때마다, 그리고 포션 개수마다 1회용 진공 팩을 써야 합니다. 이러한 한계를 뛰어넘기 위하여, 여러 번 사용 가능한 진공 팩이 나오기도 했지만, 제품 종류와 질이 다양하지 않고, 사용 후 세척 과정이 번거롭습니다. 또한 사용자의 실수로 인한 교차 오염 사고의 가능성이 있어, 이 부분에 대한 개선이 필요하다는 의견이 많습니다.

2. 긴 조리 시간

수비드는 기존의 조리법보다 더 많은 시간이 필요하고, 식감을 향상시키기 위해 72시간 이상 조리하기도 합니다. 하지만 이는 앞에서도 밝힌 바와 같이 조리하기 나름이며, 업소에서는 한 번에 많은 양을 포션하여 길게 처리하면 단점을 상쇄할 수 있습니다. 즉, 수비드 기술을 상업적으로 이용할 때는 긴 시간을 효율적으로 활용하여 생산성을 높이는 것이 핵심입니다. 브루노 구소 박사가 처음 이 기술을 현대화할 때 생각한 바가 바로 그것입니다.

3. 핑킹 현상(Pinking Phenomenon)

일반적인 한국 소비자들은 육류의 붉은색이 남아 있는 것을 핏기라 생각하며, 덜 익거나 설익었다는 표현을 쓸 정도로 좋아하지 않습니다. 수비드로 육류를 조리할 경우 핑킹 현상이 발생하기 때문에 수비드에 익숙하지 않은 분은 오해할 수 있습니다.
핑킹 현상과 핏물은 동일하게 붉은 색이지만 원인은 다릅니다. 육류가 붉은색을 띄는 것은 피가 아닌 육즙 때문이며, 피가 붉은색을 띠는 이유는 헤모글로빈 때문입니다. 헤모글로빈은 철분을 함유하고 있으며, 철분 특유의 아린맛이 나고 붉은색을 띱니다. 하지만 일반적으로 우리가 먹는 육류에는 혈관이 제거되어 있어서 핏물은 없습니다. 육류의 붉은색은 미오글로빈이라는 단백질 성분 때문입니다. 헤모글로빈은 심장에서 산소를 받아서 혈관을 따라 운반하는 역할을 하지만, 미오글로빈은 헤모글로빈에게 산소를 받아서 근육에 필요한 산소를 보관하는 역할을 합니다. 이 미오글로빈은 헤모글로빈과는 다르게 무취 무미이나, 붉은빛이

돕니다.

육류를 수비드하는 온도인 50~60℃에서는 미오글로빈이 열의 영향을 거의 받지 않기 때문에 닭 가슴살과 같은 백색육을 제외하고는 핑킹 현상이 빈번하게 나타납니다. 핑킹을 없애기 위해서는 68℃ 이상으로 조리해야 하지만, 어패류와 육류의 보수력과 색이 손실되기 때문에 수비드를 하는 의미가 퇴색됩니다.

그래서 소비자들에게는 수비드의 특성 및 수비드로 조리한 식재가 안전하다는 것을 알려 주고, 핑킹 현상을 감추는 방법을 생각해야 합니다. 일반적으로 가장 많이 사용하는 방법은 캐러멜 색소를 쓰거나 인산염류의 화학약품을 사용해서 염지한 후 핑킹 현상을 줄이는 방법 등이 있습니다. 소스를 곁들이거나 표면을 시어링해서 핑킹 현상을 감추는 방법도 있습니다.

다만 뼈가 있는 제품의 경우, 뼈 안의 골수에서 피가 흐르므로 주의해야 합니다. 수비드 조리시에는 뼈 부위에 대해서 이해하고 식중독 문제를 예방하도록 합시다.

4. 향의 증진에 따른 잡내

수비드로 조리한 식품의 경우 기존의 향이 약 30%까지 증가한다는 연구 결과가 있습니다.
기존 조리법보다 향신료가 적게 들어가는 점은 장점입니다.
하지만 음식 고유의 잡내나 풋내 또한 증가할 수 있기 때문에 주의할 필요성이 있습니다. 이러한 문제는 열을 가하거나 염지를 하는 등의 전후처리를 통해서 줄일 수 있습니다.

• 당도나 염도가 증진되는 것이 아니기에 조미료와 향신료는 구별해야 합니다.

5. 마이야르 반응의 부재

수비드 조리는 단백질의 맛, 색, 향을 증진시키는 마이야르 반응의 발생이 저조하기에, 기존의 조리에 익숙했던 분들에겐 생소할 수 있습니다. 그래서 조리 전에 표면만 미리 굽는 프리시어링 또는 조리가 끝난 후 표면을 굽는 시어링을 해서 마이야르 반응을 유도합니다. 그러므로 수비드는 단독으로 사용하기보다 다른 조리 과정과 함께 복합적으로 사용할 때 더 맛있는 요리를 만들 수 있습니다. 또한 기존의 조리법은 여러 온도의 식감이 식재료에 표현되어 복합적인 식감을 가지고 있지만, 수비드는 기존 조리법에 비해서 식감이 단조로울 수 있습니다. 역시 프리시어링이나 시어링을 통해서 개선되며 마이야르 반응을 통한 향 역시 마찬가지입니다.

BASIC PART 2

수비드 조리

수비드 조리의 특징 / 수비드의 3가지 고려 요소 / 수비드 조리 5단계

수비드의 저온 살균과 안정성 / 수비드에 관련된 식중독 세균 / 수비드 조리 팁

수비드 조리의 특징

시간과 온도

- 기존의 요리와는 완전히 다른 요리법입니다. 수비드 조리법은 더 낮고 이상적인 온도에서, 익을 때까지 긴 시간 동안 느리게 조리하는 요리법입니다.
- 조리 시간의 오차 허용 범위가 넓습니다. 조리 내용물들이 배쓰WATER-BATH 안에서 낮고 적절한 온도에 들어 있기 때문에 최소한의 조리 시간보다 길어지더라도 오버쿡OVER-COOKING이 되지 않습니다.
- 시간과 온도가 중요합니다. 이것은 재료의 식품 안전 고려 사항, 두께, 타입, 원하는 요리의 결과물에 따라 달라집니다.
- 사전 준비와 계획이 필요합니다. 만약 여러분이 커다란 고기 덩어리를 낮은 온도에서 천천히 익히기 위해 72시간을 소비한다면 어떨까요? 특별히 신경쓰지 않는다면 방치된 채로 조리가 끝날 것입니다.

더 좋은 맛과 일정한 결과

- 절단 부위의 질감 변화는 놀랍습니다. 예를 들어 스테이크는 밖부터 안까지 익은 정도의 차이 없이 동일하게 익습니다.
- 시어링은 목표에 따라 전처리, 후처리 모두 가능합니다. 일반적으로 수비드 후 고기의 겉면에 바삭한 느낌을 주기 위하여 마지막 단계에서 팬에서 빠르게 시어링을 하여 조리하지만, 목적에 따라 수비드 전에 시어링을 할 수도 있습니다.
- 재료 자체의 수분으로 밀폐 상태에서 조리되기 때문에, 보다 적은 재료로도 조리할 수 있습니다.
- 완성된 음식은 즉시 데워진 접시 위에 올려 손님에게 제공해야 합니다. 낮은 온도로 조리하기 때문에 일반적인 조리법으로 조리된 음식보다 빠르게 차가워지기 때문입니다.
- 섭취 가능한 보관 기한이 길어집니다. 칠링 후 완전히 식히고 냉장고에 넣으면 1주일 정도 보관이 가능합니다.
- 고기, 해산물, 커스터드, 뿌리 식물, 일부 과일 등이 수비드에 적합한 식자재입니다. 그러나 브로콜리나 완두콩 같은 녹색 채소는 갈변되기 때문에 수비드로 이점을 얻기 힘듭니다. 물론 오일 등을 첨가해서 어느 정도 개선할 수 있습니다.

수비드의 3가지 고려 요소

압력(Pressure)

진공기의 세팅에 따라 압력이 결정됩니다. 진공 팩에서 공기가 배출되면서 내용물이 진공 팩에 달라붙고, 때로는 식재료에 직접 압력을 가합니다. 압력이 너무 강하면 뼈가 있는 재료는 진공 팩을 뚫을 수도 있고, 무른 재료는 으깨질 수도 있기에 압력 설정에 주의를 기울여야 합니다.

챔버형 진공기는 종류별로 압력 크기에 대한 게이지, 실링(밀봉)을 하는 시간에 대한 게이지를 가지고 있습니다. 진공기 브랜드가 다양하기 때문에, 많은 요소들을 파악하여 적절한 압력 값을 결정해야 합니다. 일반적인 세팅은 레시피를 참고해서 작업하면 됩니다.

기기만이 아니라 소모품인 진공 팩에 따라서도 설정이 달라집니다. 진공 팩의 두께에 따라 실링 시간이 다릅니다. 실링 시간에 따라 실링 바의 온도를 조절해야 합니다. 수비드용 진공 팩이 두꺼울수록 실링 온도와 시간이 증가합니다.

재료의 종류와 성질에 따라 압력을 다르게 가해 주어야 합니다. 당근처럼 단단한 식재료는 물의 열을 최대한 많이 전달할 수 있도록 산소를 제거하고 진공 팩을 바짝 압착해 압력을 강하게 주어야 합니다. 고기와 같은 식재료도 물과 접촉하는 면이 넓어야 하지만, 부위에 따라 차이가 있습니다. 구멍이 많은 채소와 과일도 역시 강하게 압력을 주어야 합니다. 멜론은 강한 압력을 주면 질감이 변하고 색상도 강해집니다. 반대로 생선과 같은 섬세한 재료는 비교적 약한 압력으로 압축하는데, 압력이 너무 강하면 부드러운 재료가 뭉개질 수도 있기 때문입니다.

온도(Temperature)

예외적인 상황을 제외하고 일반적인 최고 온도는 85℃이고, 거의 채소를 조리할 때 사용합니다. 식물의 세포벽은 85℃에서 약해지고 부드러워집니다. 고기와 생선의 조리 온도는 좀 더 다양합니다. 생선의 단백질은 섬세하고 변성과 응고가 잘 일어납니다. 그래서 육류의 단백질보다 낮은 온도에서 조리해야 합니다. 고기의 세포는 68℃에서 강하게 수축하고 수분이 배출되어 질겨집니다. 70℃에서도 수분이 많이 나오지만 콜라겐이 녹아 젤라틴으로 변하면서 부드러워집니다. 브레이징에 사용되는 고기 부위를 65.5℃에서 긴 시간 동안 조리하면, 육즙의 손실이 없고 콜라겐을 파괴해 전통적인 브레이즈(찌는) 조리법만큼 부드러우며 더 풍미가 있습니다. 가금류의 가슴살은 60~62℃에서, 다리살은 62℃ 이상의 온도에서 조리합니다. 일반적으로 생선은 50~60℃에서 조리합니다. 이 온도는 기본 가이드라인일 뿐 절대적인 것은 아닙니다. 진공팩에 재료를 넣기 전, 후에 하는 처리에 따라 다를 수 있습니다.

시간(Time)

전통적인 조리에서 '시간'이란 어떤 것을 얼마나 오래 조리하는지가 아니라 언제 조리를 멈춰야 하는지가 핵심입니다. 재료에 공급해야 하는 온도보다 훨씬 높은 온도에서 조리하기 때문입니다.
여러분들이 두꺼운 쇠고기 스테이크의 심부 온도가 58℃가 되도록 팬에서 조리할 때, 팬의 온도는 약 200℃입니다. 이는 요리를 할 때, 고기를 불에서 빼내는 적당한 시점이 매우 짧다는 것을 의미합니다. 또한 온도 조절이 더 어려운 이유는 불에서 고기를 빼낸 후에도 내부의 잔열 때문에 고기 안쪽의 온도가 계속 상승하기 때문입니다.

그러나 수비드 조리 시에는 재료가 설정된 심부 온도까지 올라가면 그 상태로 머무릅니다. 그리고 물에서 건졌을 때에도 온도는 더 이상 오르지 않습니다. 그리고 재료의 온도가 유지된 채로 조리됩니다. 직화로 구울 때처럼 요리를 멈추는 시점을 정확하게 알 필요가 없기에 타이머만 있으면 원하는 수준만큼 조리할 수 있다는 뜻이기도 합니다.
그렇다고 시간 제한 없이 재료를 넣어 두어도 된다는 뜻은 아닙니다. 고기를 너무 오랫동안 물에 담가 두면 색은 레어로 익힌 것과 같지만 식감과 고기의 결은 일반적으로 기대하는 수준만큼 나오지 않을 것입니다.

수비드 조리 5단계

밑 준비

어떤 재료를 사용할지 고르고 준비합니다.
뼈를 제거하거나 껍질을 벗겨 줍니다. 향신료, 당, 염 등을 첨가하고 필요에 따라 염지합니다. 특히 잡내가 날 수 있는 재료를 사용하는 경우 잡내 제거를 위해 전처리를 할지 후처리를 할지 결정해야 하기에 밑준비는 중요한 과정입니다.

진공 포장

준비된 재료를 진공 포장하는 과정입니다.
진공을 강하게 잡아 줄 것인지 아니면 모양이 망가지지 않도록 여유를 가지고 진공 처리할 것인지를 조절해야 하며, 수분이 포함된 재료는 진공 과정에서 새어나오지 않도록 주의해야 합니다.
액체도 자동으로 진공 포장해 주는 진공기가 있으나, 가격이 높아 산업용으로만 쓰이고 있습니다. 일반 장비로 액체의 진공을 잡기 어렵다면, 액체류를 얼리거나 굳혀서 포장하는 것도 방법입니다. 혹은 긴 진공 팩을 사용하면 육안으로 확인할 수 있어 적절한 순간에 진공 작업을 중단할 수 있습니다. 갑각류나 뼈가 있는 부위처럼 날카로운 재료는 뾰족한 부분을 최대한 다듬거나 랩처럼 부드러운 재료를 함께 넣어 진공을 잡을 때 구멍이 뚫리지 않게 막아야 합니다.
마지막으로 진공이 잡혔을 때 밀봉이 제대로 되지 않았다면 실링을 한 번 더 하는 것을 추천합니다.

채소나 과일처럼 비교적 높은 온도에서 수비드하는 경우에는 배쓰의 고열로 밀봉이 풀릴 수 있으니 밀봉하자마자 재료를 수비드하지 않고, 차가운 물에 넣거나 조금 시간이 지난 후 수비드 기기에 넣는 것을 추천합니다.

수비드

시간과 온도를 설정하고 수비드를 진행합니다.

진공한 재료를 원하는 온도로 설정해 수비드합니다. 남는 시간은 각자 창의적으로 활용하여 다른 조리 과정을 진행하면 됩니다.

식히기(칠링) 또는 굽기

장기 보관을 위해서는 칠링 과정이 필요합니다.

수비드는 기본적으로 저온 살균 과정을 거치기 때문에 보관 전 칠링 과정을 빼기도 합니다. 하지만 수비드는 멸균 처리가 아니기 때문에, 산소 없이 고온에서 생존하는 혐기성 세균을 죽이지 못합니다.

만약 칠링 과정 없이 냉장고나 냉동실에 제품을 보관하면 이글루 현상 때문에 제품 내부의 온도가 혐기성 세균이 번식하기 좋은 위험 온도가 됩니다. 흐르는 냉수를 이용해 온도를 낮춰 주거나 얼음물에 담가 식히는 방법이 있으며, 블라스트 칠러라는 급속 냉각기를 이용해서 급격하게 온도를 낮출 수도 있습니다.

저장하지 않고 바로 섭취할 경우에는 선택적으로 표면을 굽거나 튀기거나 토치를 이용합니다. 마이야르 반응이 발생하면서 식품의 풍미와 식감, 그리고 색상이 향상됩니다. 또한 표면이 고열에 노출되면서 표면에 있는 균을 멸균해 주기에 여러모로 좋은 과정이기도 합니다.

이 과정은 선택 사항으로, 건너뛰고 수비드 직후에 바로 섭취하셔도 무방합니다.

저장 또는 제공

일반적으로 위의 4단계만 수비드 과정이라 생각하지만, 저장과 제공도 수비드의 중요한 과정입니다. 저장하기 위해서는 4번째 단계의 칠링이 꼭 필요하고, 샐러드처럼 냉장 상태로 제공되는 제품에서도 필요합니다. 칠링이 끝난 수비드 제품은 기존 제품보다 장기간 냉장 혹은 냉동으로 보관할 수 있으며, 육질이 망가질 수 있지만 냉동 보관 후 해동하고 나서도 수비드의 질감은 어느 정도 유지됩니다. 단, 해동할 때 냉장실에서 24시간 가량 놔두는 자연 해동 방식을 추천하며, 적어도 흐르는 물로 해동할 것을 권장합니다.

냉장하거나 냉동한 수비드 제품을 재가열할 때는 원래 조리한 온도나 그보다 조금(1~2℃) 더 낮은 온도에서 약 45분 동안 다시 수비드 조리하는 것을 권장합니다. 시간이 부족하거나 수비드 기기를 사용할 수 없을 때는, 전자레인지로 냉기를 빼거나 뜨거운 수돗물에 15분~30분 동안 담구었다가 사용하면 좋습니다. 단, 해산물은 15분 이내로만 놔두기를 추천합니다.

- 일반적인 가정용 보일러에서 나오는 뜨거운 물의 온도는 섭씨 43°C 내외입니다.

수비드의
저온 살균과 안전성

일반적인 수비드 조리법은 저온 살균과 굉장히 밀접합니다.
수비드는 저온 살균을 강조하기 때문에 많은 입문자들이 수비드 조리법이 식중독에 취약하다고 생각하기 쉽습니다. 하지만 기본적인 시간과 온도를 제대로 지켜 주면 오히려 기존의 조리법보다 식중독에 안전합니다.
다만, 저온 살균의 시간과 온도를 지키기 힘든 해산물은 신선한 재료를 사용하거나 염지할 것을 추천합니다.

많은 사람들이 수비드로 조리한 제품의 안전성에 대해 우려합니다.
수비드에 대한 논문과 자료가 대부분 해외 연구 자료이고 국내에 많이 소개되지 않아서이기 때문입니다.
수비드의 안전성에 대해 자주 묻는 질문은 다음과 같습니다.

1. 수비드 조리법은 기존 조리보다 더 많은 위험 요소가 있습니까?
2. 정밀 온도로만 조리하는 것이 다른 조리 기술보다 안전한가요?
3. 저온 살균 과정을 거치거나 정확한 온도와 시간으로 수비드 조리된 제품의 수명은 기존 조리 식품과 비교해서 어떤가요?

식품 미생물학의 국제적 표준 중 특히 살균값을 중요하게 고려해야 합니다. 식품의 저온 살균 값은 스트렙토코커스 패칼리스균(장에서 생명을 위협할 수 있는 감염을 일으킴)의 개체군이 얼마나 파괴되는지와 밀접한 관계를 가지고 있습니다. 이 세균은 63°C에서 파괴되기 시작하며 2분 28초동안 70°C를 유지할 경우 1/10로 감소합니다. 하지만 해산물과 육류의 맛과 특성을 끌어내기 위해서는 음식 중앙이 56°C~68°C가 되어야 적당하다는 연구 결과가 있습니다.
다음 표에서 호기성 세균과 혐기성 세균군이 음식에 어떻게 작용하는지 자세히 알 수 있습니다.

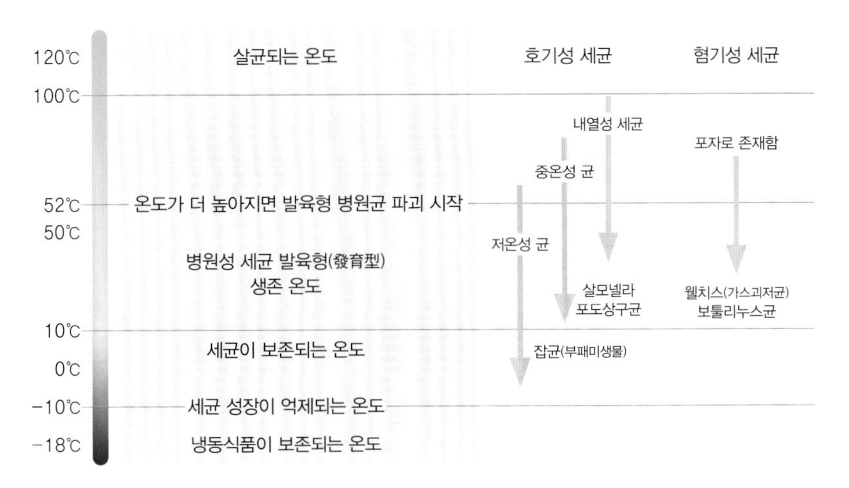

왼쪽부터 온도, 온도에 따라 일어나는 작용, 해당 온도에서 생존하는 세균

질문에 대한 답변은 다음과 같습니다.

1. 수비드는 조리법을 준수한다면 기존 조리법보다 안전합니다.
2. 수비드는 기본적으로 저온 살균을 하기 때문에 다른 조리 기술보다 안전한 편입니다.
   하지만 해산물처럼 저온 살균을 하지 않고 수비드하는 경우도 있으므로
   조리법에 대해 잘 이해하고 요리해야 합니다.
3. 수비드의 장점과 단점의 장점 4.(**P. 021**) 항목에 나온 바와 같이
   수비드 조리를 거친 제품은 장기 보관하기 좋습니다.

수비드 육류의 조리 시간은 다음과 같습니다. 닭고기 가슴살은 60°C에서 1시간 이상 조리하는 것을 추천합니다. 60°C에서 최소 15분이 지나야 살균이 시작되기 때문입니다. 또한 표면뿐 아니라 닭 가슴살의 심부 온도가 60°C 가 될 때까지 걸리는 시간은 대략 25분에서 30분입니다.

그렇다면 30분만 조리하면 될까요? 그렇지 않습니다, 심부 온도가 살균 온도인 60°C 에 도달한 다음 살균하려면 15분이 더 필요합니다. 즉, 닭 가슴살을 60°C에서 조리하기 시작한 순간부터 45분이 지나야 완전히 살균됩니다.

하지만 일반적인 레시피에서는 조리 시간이 더 긴데, 만약을 위해 추가 살균 시간을 주는 것입니다. 그래서 조리 시간은 45분에 15분을 더해, 총 60분입니다.

수비드에 대한 정보가 적고 연구 자료가 부족했을 때는 이런 조리 시간에 대해 정확하게 이해하기 어려웠지만, 많은 수비드 유저들이 자체적으로 연구하고 도전하면서 이제는 많은 사람들이 일반적인 레시피만으로도 안전하게 수비드로 조리할 수 있게 되었습니다.

수비드에 관련된 식중독 세균

대부분의 세균은 식품 외부에서 발견됩니다. 예외적으로 햄버거에 쓰이는 다진 고기, 계란 등의 경우는 내부에서도 발견됩니다. 식품 외부에 있는 세균은 재료를 자르고 다질 때 내부로 이동합니다.
수비드의 최적 온도인 60℃~85℃에서 조리한다고 해서 무조건 멸균 처리가 되었다고 말할 수는 없습니다. 멸균이 되는 온도와 시간을 정확히 지켜야만 완벽하게 멸균할 수 있습니다. 이 책에서 안전하다는 의미는 여러 차례 조리하고 실험하면서 통계를 낸 결과인 것이지, 모든 조리 환경과 상황에도 100% 안전하다고 단정할 수는 없습니다.
가장 안전한 방법은 신선한 재료를 신속하게 조리하는 것입니다. 고기는 가장 신선한 것을 구하고 최대한 빠르게 조리를 해야 합니다. 식재료는 언제나 오염에 노출되어 있습니다. 일단 오염된 상태에서 진공 포장되고 안전하지 않은 온도에서 정확하지 않은 시간으로 조리된다면 식재료 내부에서 세균이 빠르게 증식할 수 있습니다. 처음부터 재료가 오염되지 않도록 위생적인 환경에서 준비하고 신속하게 조리하는 것이 중요합니다.

살모넬라균

살모넬라균은 2,000종류가 넘습니다. 또 음식에 있는 다른 어떤 균보다 많은 병을 일으킵니다. 대표적인 식중독 원인균이고 장티푸스와 파라티푸스 등의 질병을 일으키는 병원균이기도 합니다. 살모넬라균의 독 때문에 매년 14,000명이 병에 걸리고, 매년 600명이 목숨을 잃습니다. 다행스럽게도 대부분의 사람들은 치료하지 않아도 자연스럽게 회복됩니다.
살모넬라균은 인간과 동물의 장에서 살며 날 음식을 상하게 합니다. 살모넬라균이 심각한 문제를 일으키는 곳은 양계 산업입니다. 생닭과 달걀은 세균을 옮기는 대표적인 식품이므로 다른 식재료와 접촉해서 교차오염되지 않도록 별도로 보관합니다.
살모넬라균은 대표적인 내열성 세균이기 때문에 보관 시나 조리 시에 식재료가 오염되지 않도록 주의를 기울여야 합니다.

보툴리누스균

보툴리누스균은 다른 균보다 위험한 세균입니다. 이 세균은 신경 독성 물질을 만드는데, 인체에 매우 위험하고 일단 발병하면 치사율도 높습니다.
이 세균은 포자로 번식하고, 흙 속에서 휴면기 상태로 발견됩니다. 포자는 초 내열성으로 공기가 없거나 산소가 적은 환경(캔, 밀폐용기, 건조 저장 소시지, 진공 포장 제품)에서도 자랄 수 있습니다. 보툴리누스균은 100℃ 이상의 고온에서 파괴됩니다. 즉, 진공 상태로 저온 살균 조리하더라도 파괴되지 않습니다.
일반적인 조리는 진공 환경에서 조리하지 않고 고온 살균하기 때문에 큰 문제가 되지 않으나, 수비드는 진공에서 100℃ 미만으로 조리하기 때문에 산소가 적은 환경에서 증식하는 혐기성 세균인 보툴리누스균을 매우 주의해야 합니다.

리스테리아균

리스테리아균은 물과 토양에 존재하며 임산부에게 치명적입니다. 배수구에서 빠르게 성장하는 것으로 알려져 있고 채소를 처리하는 과정, 육가공품에서 생겨나기도 합니다. 다른 세균과는 달리 어는점 근처의 온도에서도 번식할 수 있습니다. 그러나 재료를 차갑게 유지하고 조리한 음식을 빠르게 식히면 세균이 증식하는 속도를 늦출 수 있습니다. 그래서 수비드 조리를 마친 식품은 얼음물에서 완전히 식히고 사용 전까지 냉장 보관해야 합니다.

일반적으로 우리는 식품을 차갑거나 뜨겁게 유지하여 세균의 증식을 억제합니다. 명심할 점은 온도를 유지해서 세균의 양이 위험 수치에 도달하지 않은 상태로 만들어도, 실온에서 보관할 경우 세균은 급속도로 위험 수치까지 증식한다는 점입니다.
균의 증식을 막고 안전하게 섭취하기 위해서는 조리법만이 아니라 보존 방법도 중요합니다. 수비드 조리된 식품을 보관할 때는 진공 포장한 상태를 유지하고, 얼음물에 담가 완전하게 식혀서 3℃ 이하의 환경에서 냉장 또는 냉동 보관합니다.
얼음물은 1℃입니다. 얼음물과 진공 팩 사이의 물은 따뜻하기 때문에 대류가 잘 되어 따뜻한 물을 식히도록 자주 저어 주어야 합니다. 얼음이 많이 녹으면 조금씩 추가합니다. 소금을 조금 넣어 주면 온도가 더 내려갑니다.

수비드 조리 팁

뚜껑과 랩으로 덮을 것

장시간 수비드 조리를 하면 물이 빠르게 기화합니다. 전용 기기를 뚜껑이나 랩 등으로 덮거나 폴리카보네이트 구슬 등을 사용해서 물을 덮어 기화를 막아 주면 좋습니다. 또한 뚜껑을 덮지 않으면 외부 온도의 영향도 받을 수 있기 때문에 가급적 뚜껑을 덮거나 커버를 씌워 기화를 막고 온도를 유지하는 것을 추천합니다.

향신료의 사용은 신중하게

수비드의 장점과 단점(**P. 020**)에서 언급했듯이, 밀폐 공간에서 조리하면 향이 증폭되어 강하게 납니다. 밀폐 공간에서 조리하는 조리 기술의 총체인 수비드는 향을 30% 이상 증진시킵니다. 그렇기에 반대로 말하자면 기존 조리법과 같은 양의 향신료를 사용하면 되려 향이 지나치게 강해질 수 있습니다. 또한 기존에는 느낄 수 없던 향신료 자체의 향도 증폭되기 때문에 향신료의 사용량을 신중하게 정해야 합니다.

향신료의 양은 기존의 조리법 대비 1/4 정도만 넣는 것을 추천합니다. 절대치는 아니며, 자주 하시는 요리와 향신료에 따라 조절이 필요합니다.

진공 유지

진공을 꽉 잡아서 진공 상태를 유지하지 않으면 제품 내부에 남은 공기 때문에 재료가 물 위로 뜰 수 있습니다. 물 위에 뜨면 조리가 제대로 되지 않고, 물이 열기를 잘 전달하지 못할 수도 있습니다. 저온 살균이 제대로 되지 않으면 세균이 증식하여 식중독에 걸릴 수 있으므로 각별한 주의가 필요합니다.

재료가 섬세하고 부드럽거나 말랑말랑한 경우, 또는 형태가 울퉁불퉁해서 완전히 진공 상태로 만들지 못할 경우에는 물 위로 재료가 뜨지 않게 잡아 주거나 아래로 눌러 고정할 것을 추천합니다. 특히 갑각류는 껍질 아래에 숨은 공기가 많고, 날카로운 표면 때문에 진공을 잡기 어려우며 팩이 터질 수도 있으므로 주의하시기 바랍니다.

꼭 필요한 상황이 아니라면, 순살만 수비드 조리하는 것을 추천합니다.

예열 시간 단축

수비드의 예열 시간을 단축하고 싶을 때는 끓인 물을 사용합니다. 수비드 기기에서 물을 예열하는 시간이 오래 걸리고, 온도를 유지하기 위해 전력을 많이 소모합니다. 이때 미리 어느 정도 데운 온수를 사용하면 전력과 시간을 아낄 수 있습니다.

일반적인 수비드 기기에는 안전 센서가 있어 높은 온도의 물이 들어갈 경우 작동을 멈출 수도 있고, 폴리카보네이트 재질의 수조는 100℃의 물에 녹을 수도 있습니다. 이런 사태를 방지하기 위해 최저 수위까지 미지근한 물을 채우고 그 위에 끓인 물을 넣으면 수조도 손상되지 않고 안전 온도를 넘어서 기기가 멈추는 현상을 방지할 수 있습니다.

프리시어링으로 잡내 제거

모든 육류가 프리시어링에 적합하지는 않습니다. 프리시어링을 하면 육질이 나빠질 수 있기 때문입니다.
프리시어링의 가부 여부는 고기의 육질에 따라 다른데, 특히 닭 가슴살은 프리시어링을 할 경우 기존의 수비드 조리 대비 딱딱하고 질겨질 수 있습니다. 하지만 돼지고기나 소고기는 프리시어링을 하면 마이야르 반응이 미리 일어나 재료의 풍미가 증진되며, 재료의 모양도 잡힙니다. 그리고 표면이 살균되어 식중독 위험을 낮출 수 있습니다.

프리시어링을 할 때 가장 중요한 것은 조미료를 미리 입히는 것입니다. 후추와 같은 향신료는 탈 수 있기 때문에 프리시어링이 완료된 후에 뿌리는 것이 좋습니다.

염지

염지를 하면 핑킹 현상을 줄이고 보습과 연육 효과를 냅니다. 수비드의 장점 중 하나는 마리네이드를 따로 할 필요 없이 마리네이드 재료와 함께 조리해도 맛이 자연스럽다는 것입니다. 이때 염지나 염장을 미리 하면 수비드 조리 시 더 좋은 결과를 얻을 수 있습니다. 특히 제품의 중량이 늘어나서 육즙을 좀더 풍부하게 즐길 수 있으며 염지를 통해서 미오글로빈이 밖으로 배출되어 핑킹 현상을 줄일 수 있습니다(물론 이 작업만으로 미오글로빈을 완전히 제거하지는 못합니다).

염도가 높을수록 햄처럼 쫀득한 식감과 질감이 증가합니다. 특히 염도가 높아도 짠맛이 나지 않는 인산염류의 식품첨가제를 사용하면 보습력과 식감을 동시에 잡을 수 있습니다.

냉동고에서 진공 만들기

식재료를 냉동고에서 약 5~10분 정도 저장하면 진공으로 만들기 좋습니다.

육즙이나 수분이 많은 제품은 진공을 잡기 힘들 수 있습니다. 이때 제품을 진공 팩에 넣은 상태에서 밀봉하지 않고 냉동고에서 약 5분~10분 정도 지난 후에 꺼내면 표면의 수분이 굳어서 진공을 잡을 때 편리하고 식감은 변하지 않습니다. 단, 수비드 기기에 넣을 때는 냉기가 어느 정도 빠진 상태에서 넣어 주시는 것을 추천합니다.

예열 온도

재료량이 많을 때는 예열 온도를 높여 줍니다. 대량의 재료가 수비드 기기에 투입될 경우 물의 온도가 설정 온도보다 급격하게 떨어질 수 있으며 조리 온도로 되돌아오기까지 시간이 많이 걸리고 결과물에도 영향을 줄 수 있습니다. 이럴 때는 원하는 온도보다 높은 온도로 세팅한 다음 재료가 투입된 후에 희망 온도로 다시 설정하면 좋습니다.

오버쿡 방지_ ① 설정 온도를 지킵니다

이 경우에는 수비드 조리 시간을 단축시킬지는 몰라도 원하는 식감이 제대로 나오지 않을 수 있습니다. 높은 온도에서 단시간에 조리하는 퀵 수비드라는 조리법도 있지만, 퀵 수비드는 아직 연구가 진행중이므로, 가급적이면 원래 온도를 지키는 것이 좋습니다.

또한 65℃에서는 단백질의 액틴이 작용하여 강직 현상이 일어날 수 있기 때문에 시간을 대폭 늘려서 액틴의 저하를 유도해야 합니다. 식감이 질긴 이유는 대부분 강직 현상 때문이므로, 재료를 다시 진공으로 밀봉해서 액틴을 줄여 주면 됩니다. 또한 완전히 해동되지 않은 재료를 쓰면 강직이 발생해 액틴이 작용할 수 있으므로 해동을 끝낸 재료를 사용해야 합니다. 수비드의 설정 온도보다 높아서 발생하는 오버쿡은 캐리오버쿡이 발생하지 않기 때문에 걱정하지 않아도 됩니다.

오버쿡 방지_ ② 설정 시간을 지킵니다

설정 시간을 지키지 않으면 단백질이 파괴되어 곤죽이 될 수 있습니다. 수비드는 예정 조리 시간을 넘기더라도 다른 조리법에 비해서 품질에 영향을 미치지 않습니다. 그렇더라도 과도하게 오랫동안 조리하면 식재료 손상은 피할 수 없습니다.

낮은 온도에서 길게 조리하면 혐기성 세균이 증식하여 음식이 상할 수 있습니다. 53℃ 이하에선 6시간 미만으로 맞추는 것이 좋습니다. 그 이상의 온도에서 장시간 조리하면 단백질의 섬유 조직이 파괴되어 부드럽지만 퍼석해질 수 있습니다. 과일과 채소는 장시간 동안 수비드 조리할 경우 갈변 현상이 일어나거나 맛이 달라질 수 있습니다.

해외 레시피를 맹신하지 않기

각 나라의 음식이 다르듯, 나라별로 선호하는 식감 또한 굉장히 큰 차이가 있습니다. 이 책에서 추천하는 육류 온도는 섭씨 60℃입니다. 여러 차례 실험한 결과 한국인들이 가장 선호하는 온도가 60℃라고 판단했으며, 여러 종류의 재료에 보편적으로 사용할 수 있는 온도이기 때문입니다.

해외 수비드 레시피를 따라했지만 식감이 마음에 들지 않는다면, 온도를 높이거나 낮춰 가면서 실험해 보는 것이 좋습니다. 또한 기존의 수비드 온도표를 참조하면서 자신만의 온도를 찾다 보면 손쉽게 이상적인 식감을 찾을 수 있습니다.

유사 수비드에 주의

유사 수비드는 유사 수비드일 뿐입니다. 과거 수비드 기기를 사용하지 않고 수비드하는 방법에 대한 연구가 많이 이루어졌습니다. 밥솥의 보온 기능을 이용한 방법, 물을 끓였다 멈췄다 하며 온도계를 꽂아 체크하는 방법, 뜨거운 물을 사용하는 방법, 스팀 오븐기를 쓰는 방법 등이 있었습니다.

과거에는 값비싼 수비드 기기를 구하기 어려워 사용하던 방법이지만, 이제는 저렴한 기기들도 많이 나왔으니 정식 장비를 사용하는 것을 추천합니다.

BASIC PART 3

수비드 장비

수비드 장비 개요 / 기기의 종류 / 제품 소개 / 진공기 / 진공 팩

수비드 장비 개요

최근 수비드가 인기를 끌면서 국내에도 수많은 장비가 나오고 있습니다. 소비자들의 필요와 취향에 따라 다양한 제품을 고를 수 있고 10년 전 80만 원~300만 원 사이였던 수비드 기기의 가격도 30만 원~100만 원 정도로 저렴해졌습니다.

하지만 'Non Commercial', 즉 업소용이 아닌 제품을 매장에서 사용하다가 문제가 발생하거나, 개인 연구용이나 취미 목적으로 비싼 제품을 구매한 후 두어 번 사용하고 중고로 판매하는 경우도 있습니다. 이렇게 불필요한 비용과 시간을 낭비하는 일을 막기 위해, 어떤 장비를 고르는 것이 적절하고 현명한지 알아보겠습니다.

기기 추천과 장단점은 특정 브랜드에 치우치지 않고, 제품 소개에서는 편리하게 구입하고 A/S를 받을 수 있도록 국내에 정식 수입된 제품만을 소개합니다.

기본 장비인 수비드 기기만이 아니라 재료를 진공 상태로 만들어 주는 진공기도 중요한 장비이므로 따로 소개합니다. 소모품인 진공 팩도 수비드 기기나 진공기 못지 않게 완성도를 결정하는 중요한 요소이기 때문에 별도로 설명합니다.

기기의 종류

용도

가 정 용 소형이거나 24시간 이상 사용이 불가능하여 가정에서만 사용하는 기기입니다.

업 소 용 물을 30L 이상 담을 수 있고 장시간 사용해도 무리가 가지 않는 기기입니다.

가정+업소용 가정에도 업소에서도 손색이 없는 중가정용의 기기입니다.

기기 형태

탈부착형(분리형) | 기기 단독으로는 사용할 수 없으며 배쓰나 냄비 등에 탈부착이 용이하게 사용할 수 있는 형태의 기기입니다, 일반적으로 탈부착형이 가장 많습니다. 휴대가 편하고 일체형보다 가볍다는 장점이 있지만, 배쓰가 없으면 무용지물이란 단점이 있습니다.

일 체 형 | 배쓰와 수비드 기기가 일체로 나온 모델입니다, 보통 순환이 없는 대신 이중 구조여서 물의 순환 없이도 온도가 잘 순환되도록 만든 것이 특징입니다. 단점으로는 이동이 불편하고 무겁기도 하며, 순환이 제대로 이뤄지고 있는지 확실히 확인할 수 없다는 단점이 있습니다.

빌트인 일체형 | 빌트인으로 사용할 수 있는 일체형 수비드 기기를 통칭합니다.

조 합 형 | 단독으로 사용할 수는 없지만, 부착되는 기기에 따라 제품의 스펙이 상이하게 달라지는 모델입니다. 코들로가 대표적이며, 기기 단독으로는 사용하지 못하지만 단가가 저렴하며 기존 기기들을 재활용할 수 있다는 점이 강점입니다. 단점으로는 기기에 따라서 온도 편차가 크다는 점입니다.

전 용 조 합 형 | 단독으로 사용이 불가능하고, 동일한 회사에서 나온 제품들을 조합하지 않으면 사용할 수 없는 기기입니다. 푸레쉬밀 솔루션사의 수비드매직이 유일한 모델입니다.

순환 방식(Circulation type)

플로우 타입(Flow type)

모터에 달린 스크루가 회전하면서 물을 순환시켜 주는 형태입니다. 가장 기초적인 순환 방식이며, 파워가 좋아서 물이 잘 순환되지만 이물질이 달라붙기가 쉽고, 기기가 오작동할 수 있습니다. 또 순환이 강하기 때문에 달걀과 같은 식품에 손상이 갈 수도 있습니다.

펌프 타입(Pump type)

물을 빨아들이고 다시 뿜어내서 물의 온도가 유지되도록 순환시키는 타입, 힘은 좋으나 이물질이 낄 수 있습니다. 대신 노즐의 위치를 바꿔서 자유자재로 순환할 수 있으며 플로우 타입보다는 잔고장이 적습니다.

공기방울 타입(AirBubble type)

수족관에서 사용되는 공기 생성 펌프처럼 공기방울을 끊임없이 발생시켜 대류시키는 타입입니다. 물리적인 힘에 약한 음식을 수비드할 때 손상을 최소화할 수 있습니다. 밖에서 볼 때 수족관이 연상되어 시각적 효과도 있습니다. 세 종류 중 가장 잔고장이 적으며 청소할 일도 적습니다.

• 현재 공기방울 형태는 구하기가 어렵습니다.

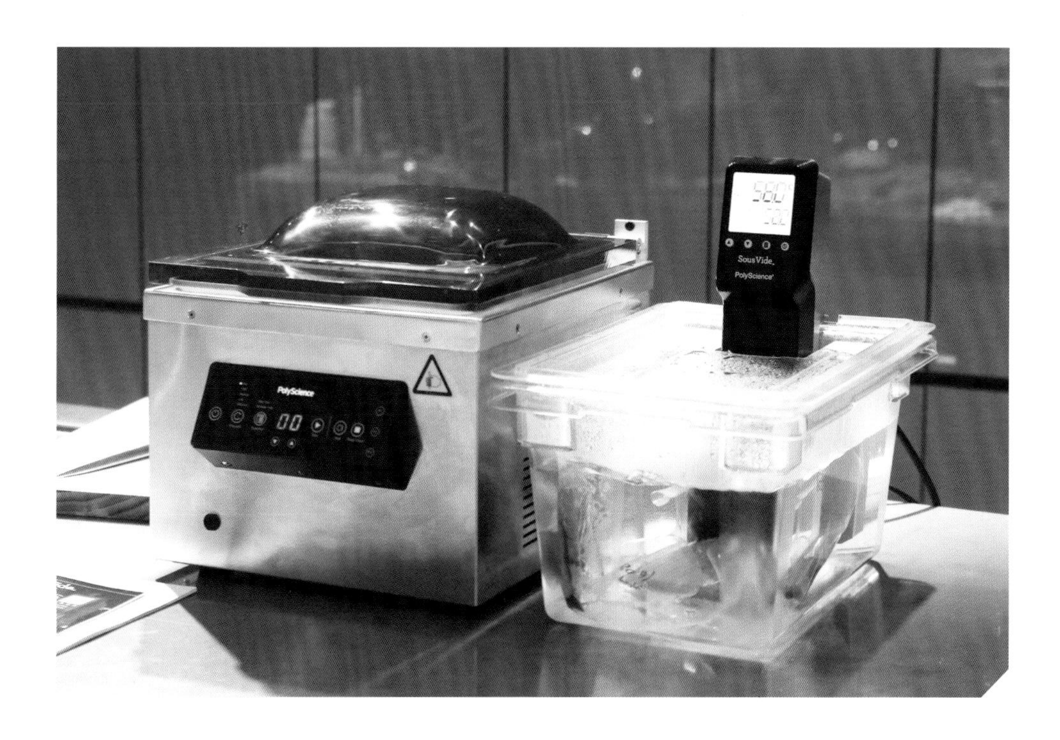

제품 소개

일체형 제품

일체형의 가장 큰 장점은 스톡이나 치즈, 콩피 형태 등의 재료와 액체를 함께 수비드할 때 좋습니다. 분리형 기기는 이런 재료의 조리가 거의 불가능하거나 번거롭지만, 일체형의 경우에는 별 무리 없이 돌릴 수 있습니다. 기기를 세척하기도 편해 잔고장이 적습니다.
단 가정용은 용량이 제한적이며, 업소용도 크기가 클수록 부피를 많이 차지한다는 단점이 있습니다.

국내 대표 제품 | **슈브SHOOV사의 수비드 슈프림 시리즈**

제품명	 수비드 슈프림 데미터치 9L	 수비드 슈프림 터치 11L
수입사/제조국	㈜아이테크 코리아/중국	㈜아이테크 코리아/중국
인증	KC인증/전자파인증	KC인증/전자파인증
용량	9L	11L
사이즈/무게	270 x 332 x 295mm/5.3kg	290 x 360 x 102mm/5.9kg
정격전압	220V/50/60hHz	220V/50/60hHz
정밀도/온도	±0.5℃/30~90℃	±0.1℃/30~99℃
순환/type	자연(순환)	자연(순환)
용도	가정+업소용/일체형	가정+업소용/일체형

분리형 제품

2013년 중후반 이후로 많은 제품군이 분리형으로 나오고 있어, 다양한 가격대의 제품을 선택할 수 있습니다. 업소용 제품과 가정용 제품으로 크게 나눠지며, 사용과 관리가 간편해서 많은 수비드 유저들의 사랑을 받는 형태이기도 합니다.

국내 대표 제품 | **아노바, 바이오로믹스사의 SV 시리즈**

제품명	아노바 쿠커	아노바 나노
수입사/제조국	㈜코이노월드/중국	㈜코이노월드/중국
인증	KC인증/전자파인증	KC인증/전자파인증
용량	15~19L	11L
사이즈/무게	325mm/0.7kg	325mm/0.7kg
정격전압	220V/50/60hHz	220V/50/60hHz
정밀도/온도	±0.1℃/0~92℃	±0.1℃/0~92℃
순환/type	○/플로우 타입	○/플로우 타입
용도	가정용	가정용

분리형 제품

제품명	바이오로믹스 SV-8008	바이오로믹스 SV-8010
수입사/제조국	㈜이코바/중국	㈜이코바/중국
인증	KC인증/전자파인증	KC인증/전자파인증
용량	6L~15L	6L~15L
사이즈/무게	360 x 115 x 80mm/1.5kg	360 x 115 x 80mm/1.5kg
정격전압	220V/50/60hHz	220V/50/60hHz
정밀도/온도	±0.1℃/0~90℃	±0.1℃/0~90℃
순환/type	○/플로우 타입	○/플로우 타입
용도	가정용	가정용

업소용 제품

제품명	 아노바 프로
수입사/제조국	㈜코이노월드/중국
인증	KC인증/전자파인증
용량	50L
사이즈/무게	325mm/0.7kg
정격전압	220V/50/60hHz
정밀도/온도	±0.1℃/0~92℃
순환/type	○/플로우 타입
용도 및 제품설명	요리에 자신있는 전문가에게 어울리는 제품입니다. 다른 아노바 시리즈보다 더 강력한 모터를 사용하고 이상적인 조리 수준에 필요한 온도로 더 정확하게 유지해줍니다. 최대 50리터의 물을 가열하고 순환시키는 능력을 갖춘 제품이며, 전문가든, 요리사든 요리에 자신있다면 프로는 완벽한 수비드 기기입니다.

업소용 제품

제품명	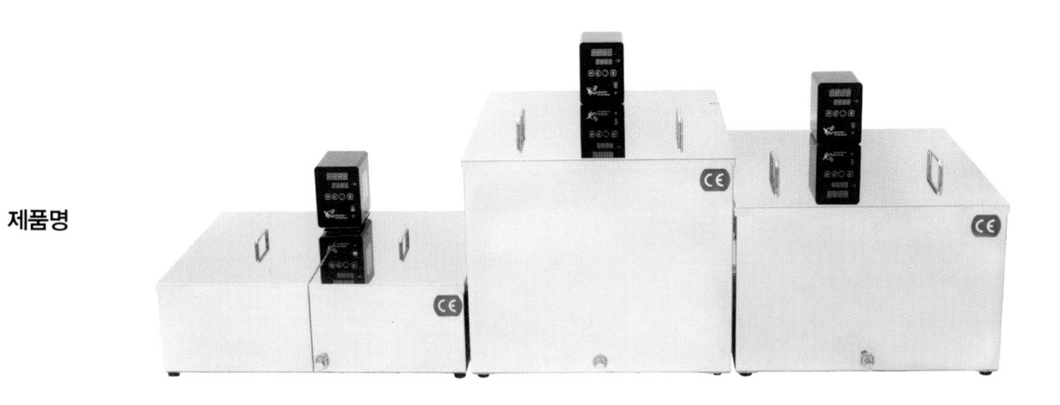 씨피티(CPT)사의 쿠진 시리즈
수입사/제조국	씨피티/국산
인증	KC인증/전자파인증
용량	50, 75, 120L (총4종류)
사이즈/무게	각기 상이
정격전압	220V/50/60hHz
정밀도/온도	±0.1℃(정확도 ±0.02℃)/실온~99℃
순환/type	○/플로우 타입
용도 및 제품설명	㈜씨피티는 1987년부터 이화학 기기를 제조하며 -90℃~+300℃를 정밀도 ±0.0001℃로 제어 하는 기기를 만드는 회사입니다. 쿠진 수비드 머신 시리즈는 다년간의 모든 노하우를 결합하여 수비드 조리에 있어서 온도정밀도 및 제품의 성능을 극대화하되 외국 기기의 A/S문제, 제품의 성능, 그리고 보다 저렴한 가격으로 24시간 365일 가동할 수 있는 업소용/대용량 생산 주방 및 공정에 어울리는 국내 제품입니다. 순수 국내 부품 및 기술로만 만든 제품이며, 각 기기는 수조나 탱크에 부착해 사용하며 조작 버튼도 매우 간단합니다. 강력한 모터와 온도편차를 줄이는 오토 세팅 기능으로 사용자들의 주방에 걸맞는 스마트하고 안전한 기능을 제공하고 있습니다.

가정용 기기와 업소용 기기의 차이

최근 제품을 추천해 달라고 문의하시는 분들이 많습니다. 보통 구입 예산에 따라 가격이 비싼 업소용과 가격이 싼 가정용을 구분하고 개인의 예산 내에서 문의하시는데, 가정용 기기와 업소용 기기 중 어떤 것을 사용하는 것이 좋을까요?
이때 단순히 가격의 차이로 접근해서는 안 됩니다.

업소용과 가정용은 내구성도 출력도 완전히 다르다는 것부터 알아야 합니다. 설계부터 그 의도가 명료하게 다릅니다. 업소용은 장기간 사용해도 문제가 없으며, 출력 또한 가정용보다 높고 매장에서 사용하는 데 전혀 문제가 없기에 가격이 더 비싼 것이 당연합니다.
업소용 수비드 기기의 경우에는 최장 30일까지 연속으로 작동할 수 있습니다. 이 기간 동안 별도의 조작이 필요 없으며 수분 보충만 하면 됩니다.
반면 가정용은 권장 사용 시간이 12시간에서 24시간이며, 내구성이 떨어져 쉽게 고장날 수 있습니다. 또한 국내 정식 수입사가 없기에 A/S 또한 더디고, 어떤 업체는 A/S 품질이 떨어져 논란이 되기도 합니다.
모든 업소용 기기들은 설계 목적부터 가정용과 다릅니다. 이는 비단 요리 기기에 한정되는 이야기가 아닙니다. 고급 레스토랑에서 가정용 소형 전기 오븐으로 빵을 굽지 않으며, 칼맛이라 불릴 정도로 생선의 단면에 신경을 쓰는 고급 초밥집에서는 수십만 원을 호가하는 칼을 씁니다. 업소용 장비는 업소에 맞게 나왔기에 A/S를 받을 일도 적고, 튼튼하며 출력도 강합니다. 가정용과 비교하면 잔 고장에 의해 발생하는 소모 시간이나 비용이 절감됩니다. 단기적으로 보면 가정용 기기의 가격이 매력적일 수 있으나, 고장이 나기 시작하면 새 기기를 사는 게 더 싼 경우도 많습니다.
그렇다고 가정에서 개인적으로 취미삼아 수비드를 하시는 분들에게 업소용 제품을 추천하지는 않습니다. 가정용 제품은 가격이 저렴하고 관리만 신경 쓰면 개인용도로 사용할 때는 고장날 염려도 적습니다. 단, 가정에서라도 장시간 돌려야 하는 음식을 자주 하신다면 업소용 수비드 기기를 추천합니다.

최근 국내에서 수비드 조리의 유행으로 국내 브랜드 제품도 나오기 시작하였고 시중에서 쉽게 구할 수도 있습니다. 그러나 국내 브랜드 제품은 아직 대중적으로 많이 사용하지 않고 제품력도 완전히 검증되지 않았기 때문에 여기서는 소개하거나 추천하지 않습니다. 이 책에서는 인지도도 있고 국내외에서 충분히 검증된 제품만 소개하고 있습니다.

진공기

수비드와 진공은 실과 바늘과도 같습니다. 대부분의 수비드 조리 과정은 진공이 필요하기 때문입니다. 진공으로 식품에 물의 온도를 고르게 전달하며, 세균의 유입이나 식품의 변질을 막아 장기간 보관할 수 있습니다.
진공기 또한 가정용 진공기와 업소용 진공기로 나뉩니다.

업소용(챔버형) 진공기

가정용 진공기는 단순하게 모터를 이용하여 진공 팩 내부의 공기를 빼는 형태이며, 저렴한 제품도 많습니다. 수비드에 사용할 뿐 아니라 제품의 보관도 용이하다는 것이 특징입니다. 하지만 전용 진공 팩을 사용해야 하며 진공 정도를 조절하기 힘들고 액체류에 사용하기는 어렵다는 단점이 있습니다.
업소용 진공기는 챔버 형식의 진공기를 지칭합니다. 내구성이 좋고 어떤 종류의 진공 팩을 사용해도 됩니다. 원리는 가스압출식이며 대량의 식자재를 사용할 때 적합합니다. 하지만 챔버 내부의 크기보다 큰 진공압은 만들 수 없으며, 가격도 최소 100만 원에서 시작하여 부담이 있습니다. 그럼에도 불구하고 업소에서는 업소용 진공기를 사용할 것을 권장합니다. 진공압의 조절이 용이하며, 다양한 재료에 쓸 수 있고 액체에도 사용 가능합니다. 또한 내구성도 좋습니다.
관리만 잘 하면 장기간 동안 유지 보수가 가능하며 가정용 진공기에 비해 잔고장이 적은 편입니다. 또한 진공 압력이라는 기법을 사용하면 식재료에 수분을 빠르게 침투시킬 수 있으며 채소나 과일에 재미있는 질감을 줄 수 있습니다.

가정용 진공기

진공 팩

수비드 강의나 자료 등에서 간략하게만 다루고 넘어가지만, 가장 중요하면서 기초적인 이야기를 할까 합니다. 수비드 조리에 있어서 꼭 필요한 것이 무엇일까요?

수비드 기기? 수비드 배쓰? 라는 대답이 나올 것 같습니다. 물론 정밀한 온도를 위해서는 정밀한 기계가 필요합니다. 하지만 꼭 필요한 것은 음식과 직접적으로 닿는 진공 팩이 아닐까 합니다.

외국의 유명 서적에서는 "수비드에 적합한 진공 팩을 선택해 사용하세요." 라는 간단한 설명으로 이야기를 끝냅니다. 물론 이미 수비드가 널리 퍼진 외국에서는 전용 진공 팩을 구하기 쉽습니다. 하지만 수비드가 아직 생소한 한국에서는 이런 제품들의 정보를 얻고 구매하는 일이 쉽지 않습니다. 비록 저온 조리법이라고는 하나 보통 55~90℃ 사이의 고온의 물 속에서 이루어지는 조리에 쓰이는 플라스틱 팩에 대하여 얼마나 아시나요?

일반적으로 사용되는 진공 팩의 종류는 총 4가지입니다. 각 종류의 장단점을 소개하겠습니다.

지퍼백

용도 | 진공 기기 없이 간단하게 수비드를 할 때 사용되는 진공 팩입니다.

장점 | 시중에서 쉽게 구할 수 있으며 사용이 편리합니다.

단점 | 부력을 통해서 진공을 잡으므로 완벽한 밀봉을 기대하기 어렵습니다. 80℃가 넘어가는 제품을 수비드하거나 장시간 조리 시에 터질 수 있습니다. 완전히 밀봉되지 않아 제대로 된 살균 효과를 기대할 수 없습니다. 매번 사용하기엔 가격 부담이 큽니다.

플라스틱 랩

용도 | 진공 상태를 만들기 까다롭거나 섬세한 식품의 모양을 잡을 때 사용합니다. 테린을 만들 때 자주 사용됩니다.

장점 | 시중에서 쉽게 구할 수 있으며 사용법도 간단합니다. 또한 손쉽게 식재료를 감싸고 포장할 수 있습니다.

단점 | 육안으로 밀봉 상태를 확실히 확인할 수 없습니다, 환경 호르몬 문제에 대해서는 확답할 수가 없습니다. 플라스틱 랩만 단독으로 사용하기보다는 포장을 한 후 진공 팩으로 다시 한 번 밀봉하여 사용할 때 좋습니다.

가정용 진공 팩

용도 | 가정용 진공기에 사용할 수 있는 진공 팩입니다.

장점 | 최근 국내에도 가정용 진공기가 많이 보급되어서 가정용 진공 팩도 시중에서 쉽게 구할 수 있습니다. 가정용 진공 팩은 앞 페이지에서 설명한 지퍼백이나 플라스틱 랩과 비교해서 밀봉이 더 잘 되기 때문에 수비드 요리를 더 잘 살릴 수 있고 살균 시에도 유리합니다.

단점 | 가정용 진공기의 특성상 진공 팩의 한쪽 면에 공기를 배출하는 돌기가 달려 있는데, 재료의 표면에 닿아 모양이 망가질 수 있습니다.
또한 공기를 배출하는 돌기 때문에 식품이 물에 닿는 면적이 일정하지 않아 열전도가 나빠질 수 있어 요리의 온도에 신경써야 합니다.
가정용 진공 팩을 써서 액체가 들어가는 재료를 실링할 때 유의할 점이 있습니다. 조리 시 자칫하면 공기와 함께 액체가 흘러나오면서 밀봉이 불안정해지는 현상이 발생할 수 있어 실링할 때 철저히 밀봉하도록 신경써야 합니다.

업소용 진공 팩

용도 | 챔버형 진공기를 사용할 때 사용되는 진공 팩입니다.

장점 | 챔버형 진공기에서 사용되는 만큼 강력하게 진공을 잡을 수 있으며, 액체와 함께 진공을 잡을 때에도 손쉽게 진공 포장을 할 수 있습니다. 일반적으로 사용하는 진공 팩보다 내구성이 강해 수축 현상이 없으며, 조리 후 냉동할 때에도 깨짐 현상을 최대한 줄여 줍니다. 전문적인 수비드 조리에 적합합니다.
날짜, 온도 등을 기입할 수 있어서 편리하고 가격도 저렴합니다.

단점 | 업소용 진공 팩은 저렴하지만 업소용 진공 팩을 밀봉 작업할 때 쓰는 챔버형 진공기의 가격이 저렴하지 않다는 단점이 있습니다
현재 국내에서는 식약청에서 정한 수비드 가이드라인이 없기 때문에 식약처에서 인증한 제품이 없습니다.
업소용 진공 팩의 종류가 매우 다양하다는 것은 장점이자 단점입니다. 초보자가 제품을 선택할 때 정보가 지나치게 많아 혼란스러울 수 있습니다.

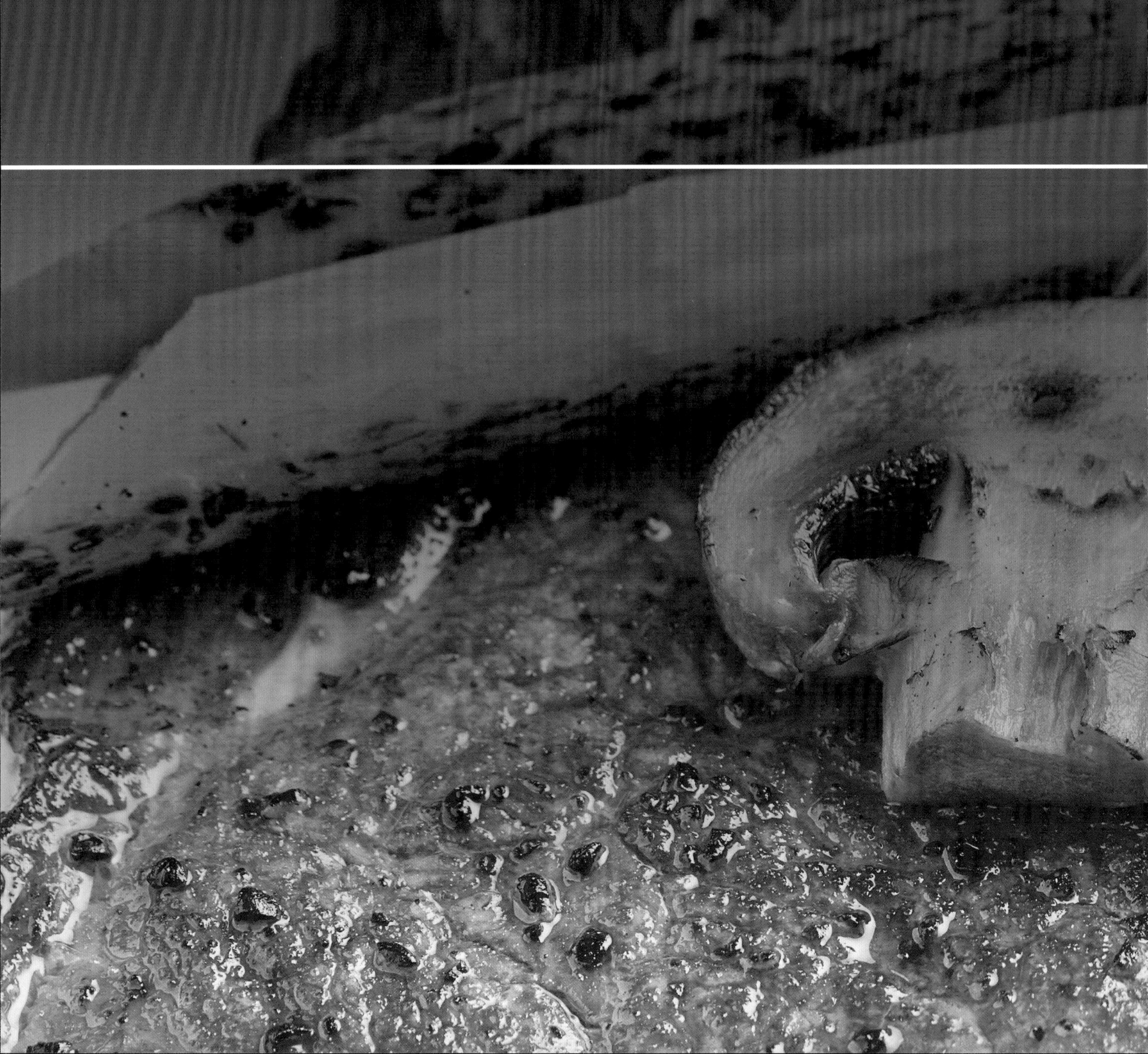

레시피RECIPE

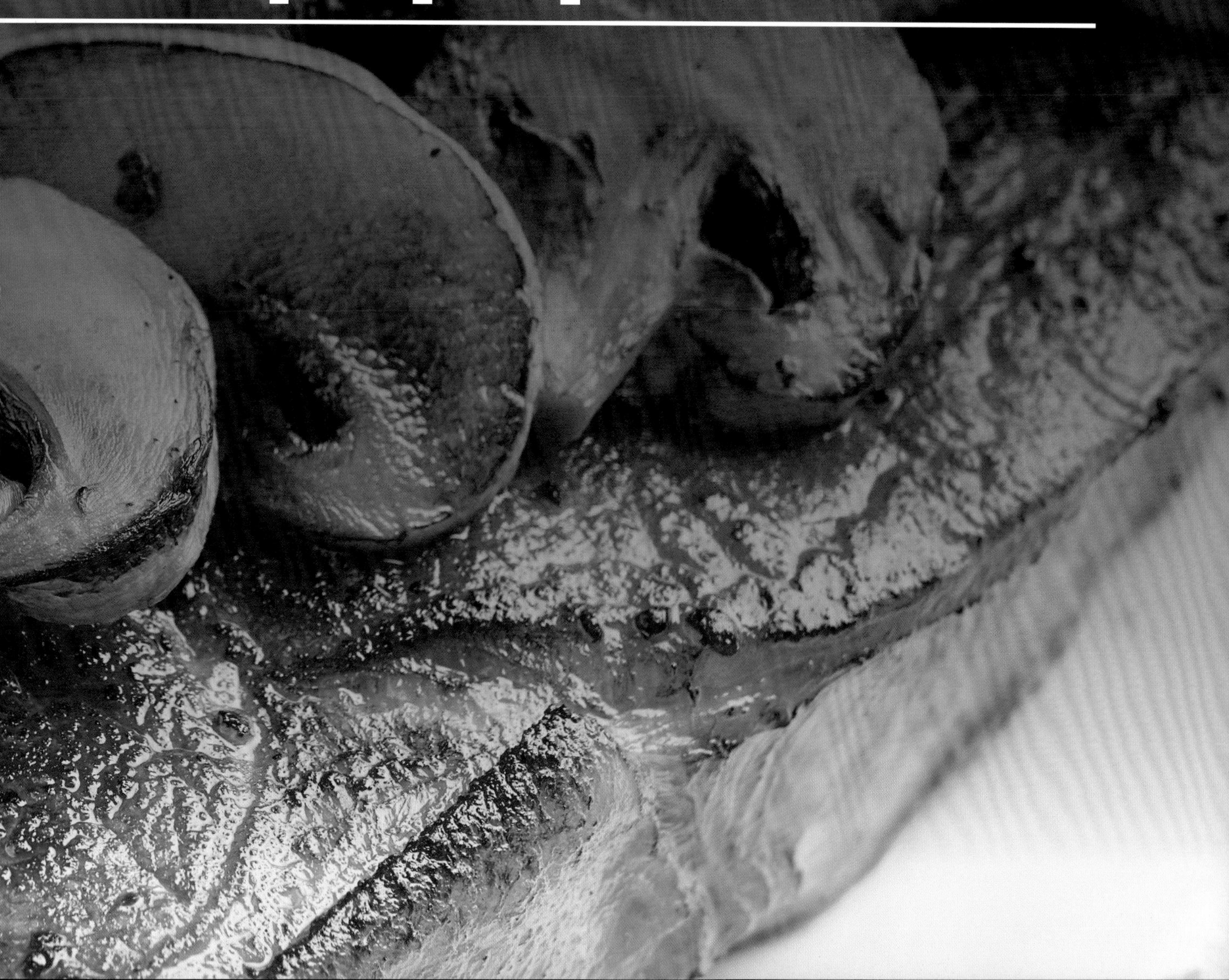

레시피 보는 방법

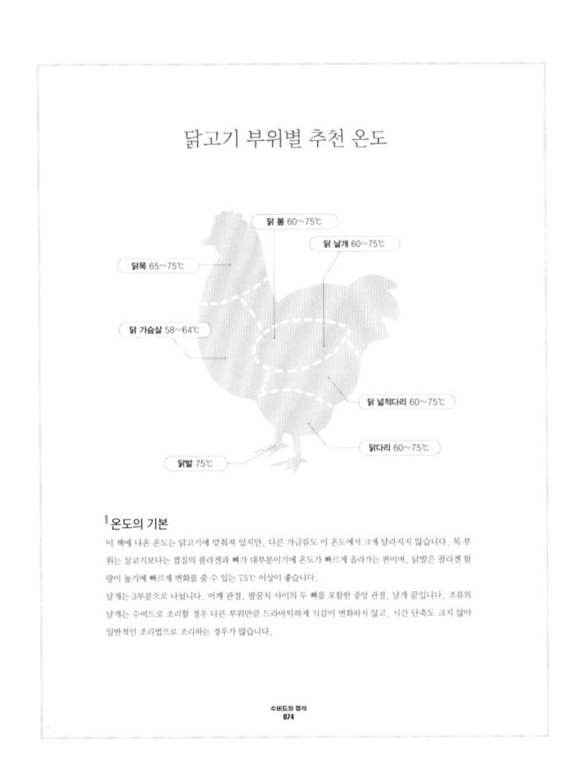

닭고기 부위별 추천 온도

온도의 기본

이 책에 나온 온도는 닭고기에 맞춰져 있지만, 다른 가금류도 이 온도에서 크게 달라지지 않습니다. 목 부위는 살코기보다는 껍질의 콜라겐과 뼈가 대부분이기에 온도가 빠르게 올라가는 편이며, 닭발은 콜라겐 함량이 높기에 빠르게 변화를 줄 수 있는 75℃ 이상이 좋습니다.

날개는 3부분으로 나뉩니다. 어깨 관절, 팔꿈치 사이의 두 뼈를 포함한 중앙 관절, 날개 끝입니다. 조류의 날개는 수비드로 조리할 경우 다른 부위만큼 드라마틱하게 식감이 변화하지 않고, 시간 단축도 크지 않아 일반적인 조리법으로 조리하는 경우가 많습니다.

수비드의 정석
074

이 책은 레시피 위주가 아니라 재료에 따른 수비드 조리를 이해하는 목적으로 쓰여졌습니다. 그래서 레시피는 재료별로 나누었습니다.

각 레시피마다 재료를 먼저 설명하고 재료의 특성에 따른 수비드 조리법을 안내하고 있습니다. 수비드로 조리하기 전에 재료 페이지를 읽고 그 특성을 이해하면 좋습니다.

부위별 조리의 기본

다리

가슴살보다 붉고 지방이 더 많습니다. 종아리와 허벅지 두 부분으로 나뉘어져 있습니다. 오리와 칠면조의 다리는 굵고 크기 때문에 닭보다 더 오랫동안 수비드 조리를 해야 합니다.

종류	두께	온도	시간	저온 살균 시간
닭	3~4cm	65℃	90~180분	150분
오리	3~5cm	65℃	8~12시간	120분
칠면조	3~5cm	65℃	8~12시간	120분

가슴살

기름기가 적고 고단백질입니다. 닭과 칠면조의 가슴살은 흰살로 취급하지만 오리는 적색육으로 취급합니다. 기존의 조리법으로는 질감이 퍽퍽해서 선호하지 않는 사람들도 있지만, 수비드로는 매우 촉촉하고 부드러운 질감을 낼 수 있습니다.

종류	두께	온도	시간	저온 살균시간
닭	3~4cm	60℃	1~3시간	45분
오리	3~4cm	60℃	1~3시간	90분
칠면조	4~5cm	60℃	90분~3시간	3시간

뼈

뼈에는 골수를 따라 피가 흐르기 때문에 쉽게 오염될 수 있습니다. 따라서 뼈를 취급할 때는 항상 위생에 신경써야 합니다. 뼈를 제거한 적색육은 위의 표에서 안내한 시간과 온도보다 더 낮은 온도와 짧은 시간으로 조리해도 됩니다.

075

재료 페이지에는 다른 부위나 재료로도 수비드를 응용할 수 있게 재료별·부위별 추천 온도와 그 이유를 적었습니다.

또 해산물처럼 수비드 조리에 낯선 재료는 추천하는 재료와 추천하지 않는 재료, 그리고 그 이유도 명기하고 있습니다.

RECIPE 1

수비드 닭 가슴살-치킨 스테이크

단순하면서도 놀라운 결과물을 얻을 수 있는 닭 가슴살 스테이크 레시피입니다.
촉촉하고 부드러운 가슴살을 맛보시길 바랍니다.

재료 닭 가슴살 3개
허브소금 1g/ 개당
후추 약간
수비드 시간 1시간
수비드 온도 60.0℃

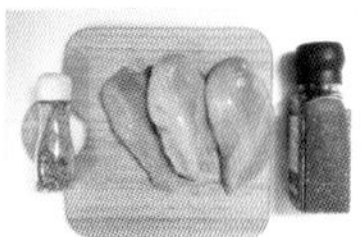

수비드의 정석
076

레시피는 재료의 특성을 살려 응용할 수 있는 재료별 대표적인 조리법을 골라 작성하였습니다. 또한 하나의 레시피로만 끝나지 않고 다른 재료나 부위에 응용할 수 있도록 유도했습니다.

모든 식재료의 수비드 조리법을 전부 소개하지 않는 이유는 이 책은 레시피 위주의 책이 아니라 수비드를 올바르게 이해하고 응용할 수 있도록 돕는 이론서이기 때문입니다.

❶ 수비드 기기를 60.0℃ 로 예열합니다.

❷ 닭 가슴살의 앞뒤를 소금, 후추로 간합니다.

❸ 진공 포장을 합니다.

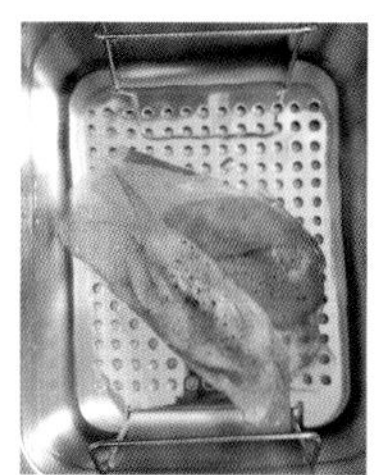

❹ 1시간 동안 수비드 조리합니다.

레시피
077

책에는 식자재별 권장 온도와 시간을 자세하게 적었으나, 이 책에 적힌 권장 온도 및 시간은 최상의 결과물이나 정답이 아닙니다. 책의 온도와 시간은 일반적인 한국인이 선호하는 식감에 맞춘 연구 결과입니다.

요리에는 정답이 없거니와 수비드와 밀접한 '식감'은 더욱더 그렇습니다. 이 책을 바탕으로 본인만의 온도와 시간을 찾아내어 조리에 응용해 봅시다.

아무쪼록 이 책의 레시피를 통해서 원하는 요리를 수비드로 만들 수 있기를 바랍니다.

RECIPE PART 1

수비드 **달걀**

달걀은 가장 단순하며 직관적인 재료여서 수비드에 입문하기 좋습니다.
일반적으로 달걀을 껍질째로 수비드 조리하는 경우는
별도의 진공 과정이 필요하지 않습니다.

EGG

달걀의 부위에 따른 추천 온도

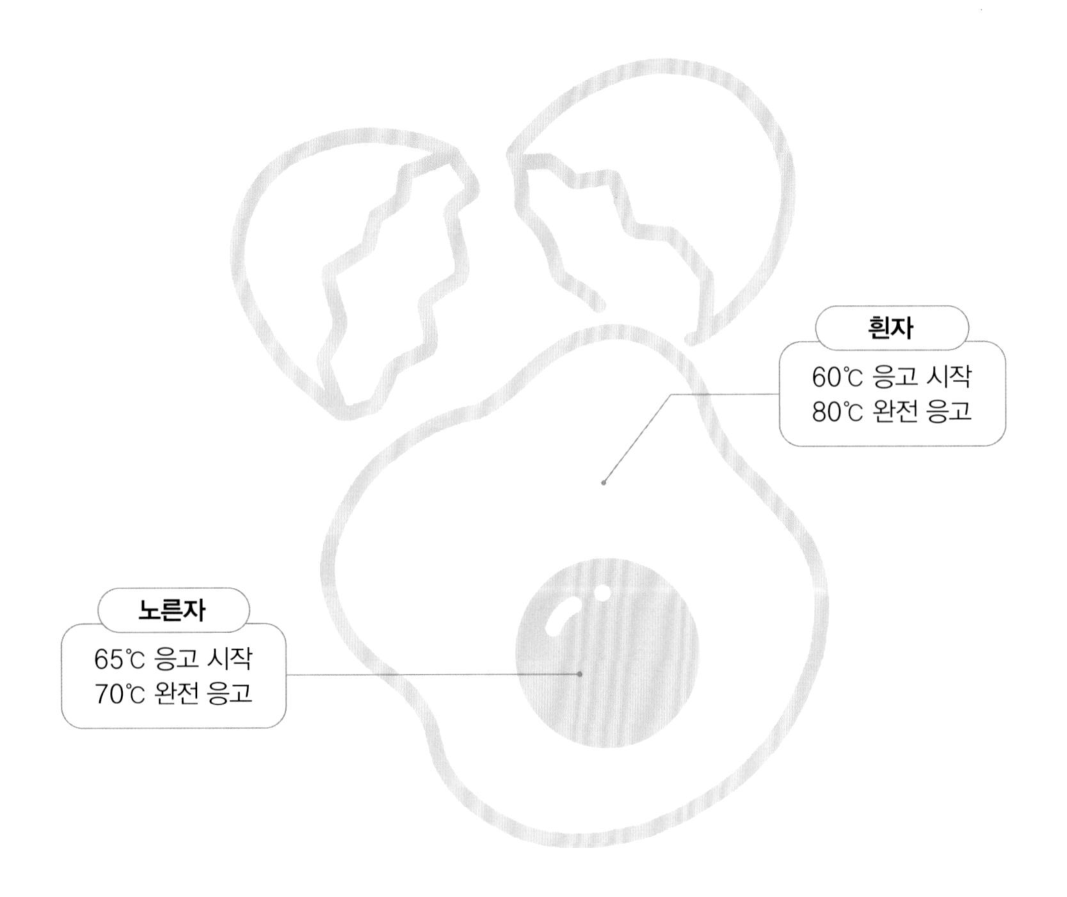

온도의 기본

달걀을 수비드 조리할 경우 가장 주의할 점은 달걀에 들어 있는 단백질 성분이 온도에 민감하게 반응한다는 것입니다. 다른 식재료와 다르게 약간의 온도 변화만으로도 질감과 형태가 달라집니다. 또한 흰자와 노른자의 단백질 성분이 조금 다르고, 응고점도 다릅니다. 그래서 달걀 수비드는 쓰임새에 따라 섬세하게 조리할 필요가 있습니다.

달걀의 질감은 60~65℃에서 변화가 큽니다. 흰자는 60℃에서 응고가 시작하여 80℃에서 완전하게 굳어지며, 노른자는 65℃에서 응고가 시작되어 70℃에서 완전히 굳습니다. 5℃ 만으로도 농도가 크게 변화하는 것이 달걀 수비드의 매력입니다.

온도와 시간에 따른 노른자의 농도 변화

살짝 끈적거리는 노른자	크림같은 농도의 노른자	마요네즈 농도의 노른자	까망베르 치즈 농도의 노른자
61.5℃/60분	63.0℃/60분	64.0℃/60분	68.0℃/60분
소스용	수란용(온천 달걀)	물에서 익힌 수란	단단하게 삶은 달걀
노른자에 수분이 많고 쉽게 흘러내릴 정도로 묽은 상태입니다. 질감이 부드러워서 소스나 드레싱 등에 사용하기 완벽한 농도의 달걀입니다.	수란과 비슷한 식감과 농도를 가지고 있습니다. 소스용보다는 형태가 유지된 상태이므로 각종 샐러드나 덮밥 등에 얹는 용도로 사용하기 좋습니다.	흰자와 노른자가 동시에 감미로운 농도를 가진 상태의 달걀입니다. 부드럽게 미끄러지는 느낌으로 달걀 껍질 밖으로 흘러나오는 수란입니다.	완숙 상태의 달걀입니다. 노른자는 풍부하고 먹음직스러운 황금색을 띠고 있습니다. 완전히 익었기 때문에 노른자 형태도 단단하게 고정되어 있습니다.

다른 크기의 달걀은?

위의 '온도와 시간에 따른 노른자의 농도 변화' 표에서 소개한 온도와 시간은 닭의 달걀, 그중에서도 한국의 중란 기준으로 만든 가이드입니다.

닭의 달걀만이 아니라 메추리알, 오리알, 거위알 등도 식재료로 사용되는 달걀이며 모두 동일하게 수비드로 조리할 수 있습니다.

조류의 달걀 구성 성분은 종별 차이가 없이 거의 동일하기 때문에 응고점도 비슷합니다. 따라서 수비드 조리 온도는 동일하고 크기에 따라 조리 시간만 달라집니다.

닭의 달걀보다 작은 메추리알은 통상적인 조리 시간에서 시간을 반으로 줄여서 수비드 조리하면 됩니다. 중란보다 큰 대란이나 오리알 등의 경우는 크기에 비례해서 그만큼 시간을 늘려서 조리합니다.

RECIPE 1

수비드 수란

SOUS-VIDE POACHED EGG

단순하면서도 다양한 용도로 사용할 수 있는 수비드 달걀 조리법입니다.
기존의 수란 레시피보다 쉽고 편하게 수란을 만들 수 있는 수비드 조리법입니다.

재료 달걀 1개
소금1g
후추 취향껏
수비드 시간 1시간
수비드 온도 63.0℃

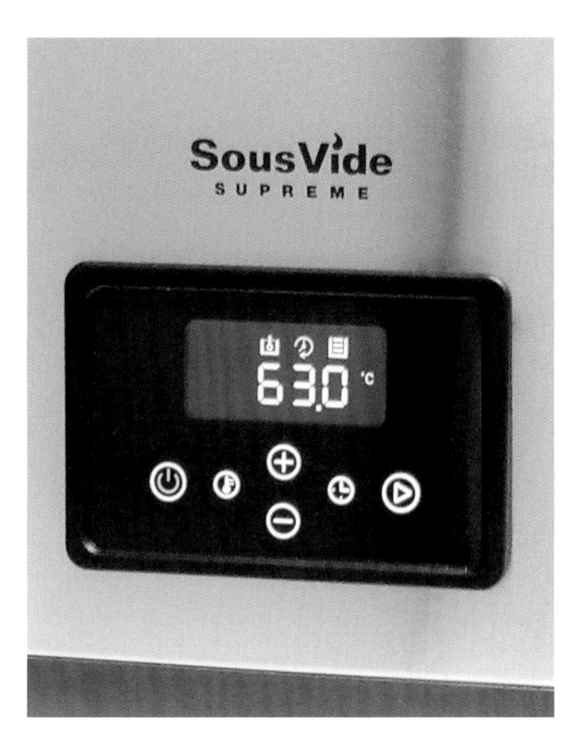

❶ 수비드 기기를 63.0℃ 로 예열합니다.

❷ 예열된 수비드 기기에 달걀을 넣습니다.
- 달걀에 금이 가지 않게 국자 등으로 조심스럽게 넣어 줍니다.

❸ 1시간동안 수비드로 조리합니다.

❹ 수비드 기기에서 꺼내서 표면의 물기를 제거합니다.

❺ 원하는 요리나 접시 위에 깨트려서 얹습니다.

❻ 소금과 후추로 간해 마무리합니다.

TIP 섭씨 75℃에서 13분 동안 수비드 조리를 하셔도 동일한 결과를 얻을 수 있습니다.
다만 시간이 조금이라도 짧거나 길어지면 결과물도 달라질 수 있습니다.
냉장 보관할 경우는 찬물에 넣어 충분히 칠링을 한 후 냉장할 것을 추천합니다.

RECIPE 2

수비드 홀랜다이즈 소스

SOUS-VIDE HOLLANDAISE SAUCE

단순하고 손쉽게 만들 수 있는 수비드 홀랜다이즈 소스 레시피입니다.
번거로운 홀랜다이즈를 간단한 레시피로 만들어 보시기 바랍니다.

재료 달걀 노른자 4개
식초 15ml, 가염 버터 150g
레몬 주스 30ml, 소금 2g
생수 30ml

수비드 시간 30분

수비드 온도 75.0℃

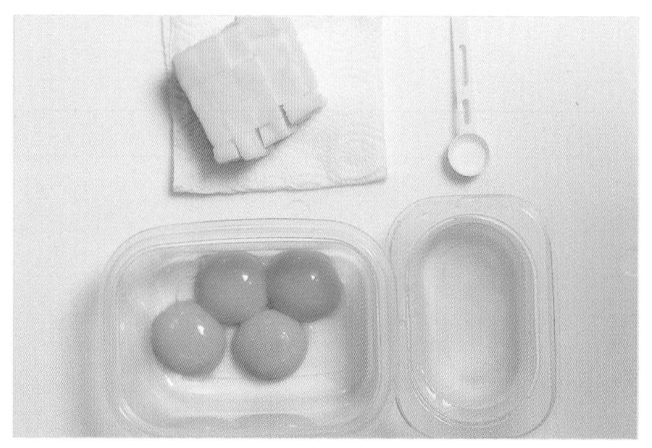

❶ 수비드 기기를 75.0℃로 예열합니다.

❷ 모든 재료를 넣고 진공 포장합니다.
• 진공 포장이 어렵다면 재료를 얼리거나 내열 용기에 넣고 밀봉해도 무방합니다.

❸ 30분 동안 수비드 조리합니다.

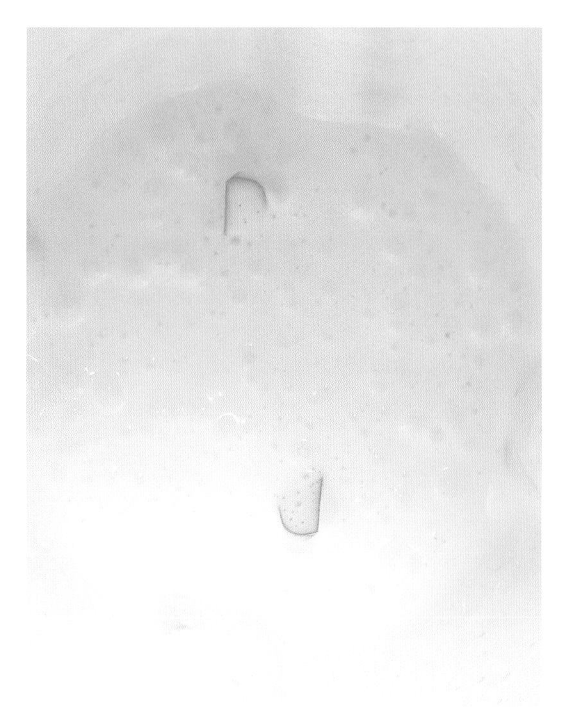

❹ 핸드 블렌더나 믹서로 약 2분 이상 섞어 줍니다.

❺ 완성된 소스를 음식에 부어 줍니다.

❻ 완성된 요리를 제공합니다.

위에서 소개한 레시피는 수비드로 홀랜다이즈 소스를 만드는 기본 재료와 레시피이기 때문에 일반적인 홀랜다이즈 소스보다 밋밋하게 느껴질 수 있습니다. 업장이나 가정에서 본격적인 소스로 사용하고자 하면 추가 재료를 더 넣어야 합니다. 하지만 본격적인 방식으로 만드는 것이 어렵고 복잡해서 부담스러운 분들은 기본 레시피만으로도 편하게 만들 수 있습니다.

TIP 고열에서 진행되는 수비드 조리이므로 시간을 정확하게 지키는 것이 핵심입니다.
원하는 형태보다 소스가 진하다면 물을 조금 넣어 주세요.
추가하고 싶은 재료가 있다면 4번째 과정에서 추가하세요.

RECIPE 3

수비드 스크램블드 에그

SOUS-VIDE SCRAMBLED EGG

단순하지만 완벽하고 촉촉한 스크램블드 에그를 만들 수 있는 수비드 조리법입니다.

재료 달걀(중란) 3개
우유 15ml, 크림 15ml
무염 버터 15ml, 소금 약 2g
후추 취향껏

수비드 시간 30분

수비드 온도 75.0℃

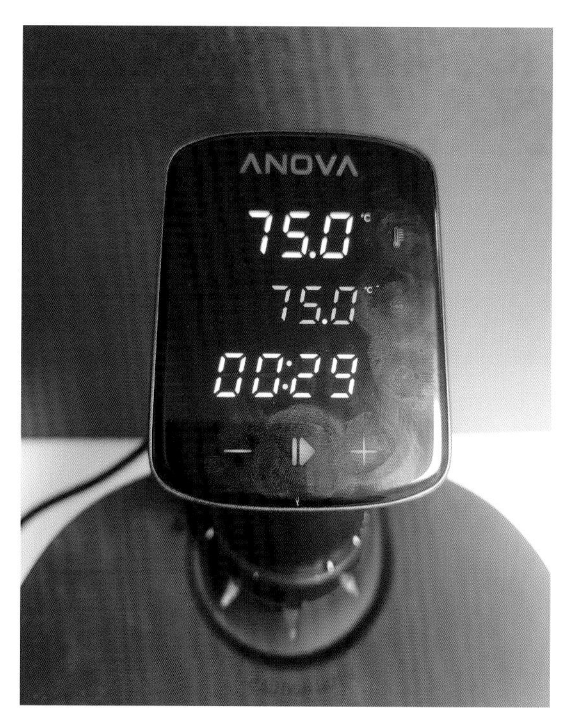

❶ 수비드 기기를 75.0℃로 예열합니다.

❷ 모든 재료를 잘 섞은 후 체로 한 번 거릅니다..

❸ 체로 걸러낸 재료를 진공 포장합니다.

❹ 수비드 기기에서 30분 동안 조리를 하는데, 5분마다 꺼내서 전체적으로 마사지합니다.

❺ 수비드 스크램블드 에그를 접시에 담습니다.

❻ 완성된 요리를 제공합니다.

TIP 지방의 함량을 줄이면 질퍽해질 수 있습니다.

좀 더 단단하게 만들고 싶으면 조리 시간을 늘리면 됩니다.

또한 표면을 토치로 굽거나 뜨거운 기름을 부어서 마이야르 반응을 추가하는 방법도 있습니다.

RECIPE PART 2

수비드 가금류

가금류의 수비드는 처음 접하는 이에게 놀라움을 선사할 수 있습니다.
수비드는 기존의 조리법으로는 절대로 표현하지 못할 식감을 느낄 수 있기 때문입니다.
특히 수비드로 조리된 가슴살 부위는 육즙이 풍부하고 부드럽기 때문에,
기존 조리법으로 익힌 닭 가슴살에 질린 분들은 매우 만족할 것입니다.

OULTRY

닭고기 부위별 추천 온도

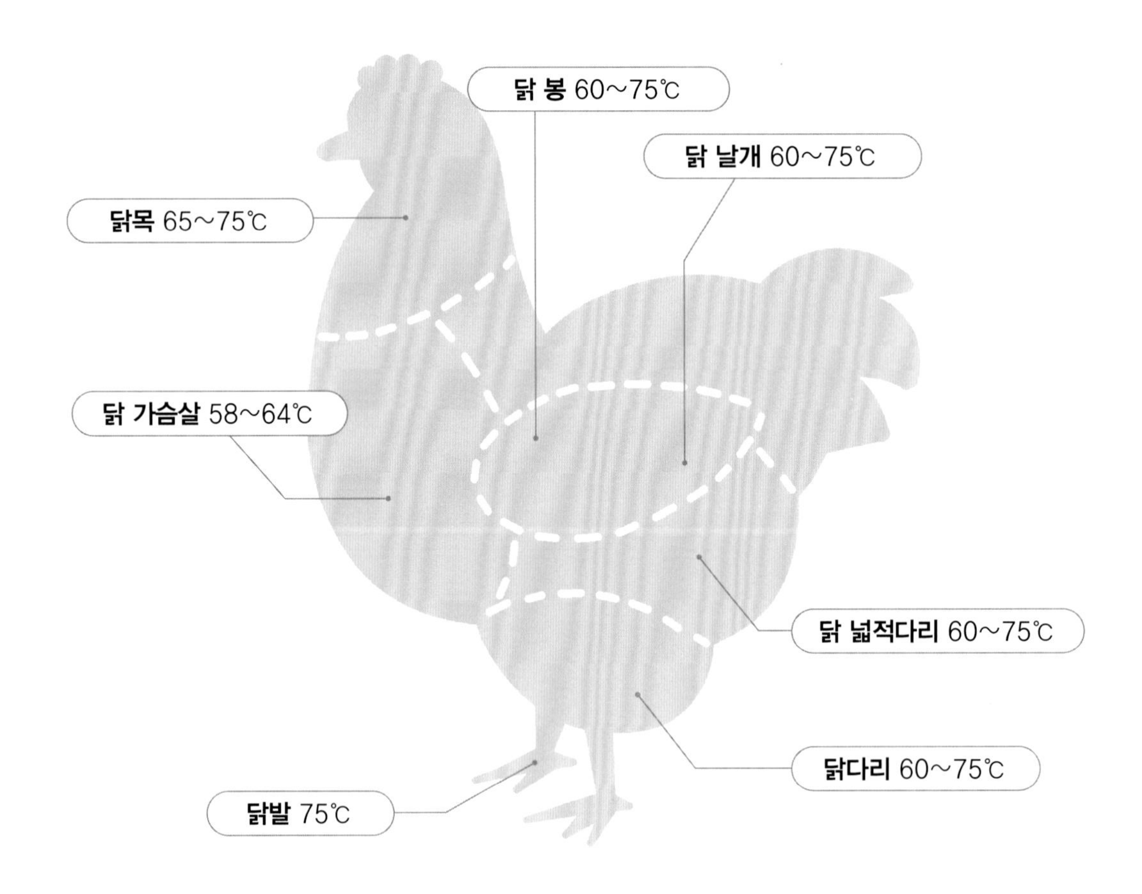

온도의 기본

이 책에 나온 온도는 닭고기에 맞춰져 있지만, 다른 가금류도 이 온도에서 크게 달라지지 않습니다. 목 부위는 살코기보다는 껍질의 콜라겐과 뼈가 대부분이기에 온도가 빠르게 올라가는 편이며, 닭발은 콜라겐 함량이 높기에 빠르게 변화를 줄 수 있는 75℃ 이상이 좋습니다.

날개는 3부분으로 나뉩니다. 어깨 관절, 팔꿈치 사이의 두 뼈를 포함한 중앙 관절, 날개 끝입니다. 조류의 날개는 수비드로 조리할 경우 다른 부위만큼 드라마틱하게 식감이 변화하지 않고, 시간 단축도 크지 않아 일반적인 조리법으로 조리하는 경우가 많습니다.

부위별 조리의 기본

다리

가슴살보다 붉고 지방이 더 많습니다. 종아리와 허벅지 두 부분으로 나뉘어져 있습니다. 오리와 칠면조의 다리는 굵고 크기 때문에 닭보다 더 오랫동안 수비드 조리를 해야 합니다.

종류	두께	온도	시간	저온 살균 시간
닭	3~4cm	65℃	90~180분	150분
오리	3~5cm	65℃	8~12시간	120분
칠면조	3~5cm	65℃	8~12시간	120분

가슴살

기름기가 적고 고단백질입니다. 닭과 칠면조의 가슴살은 흰살로 취급하지만 오리는 적색육으로 취급합니다. 기존의 조리법으로는 질감이 퍽퍽해서 선호하지 않는 사람들도 있지만, 수비드로는 매우 촉촉하고 부드러운 질감을 낼 수 있습니다.

종류	두께	온도	시간	저온 살균시간
닭	3~4cm	60℃	1~3시간	45분
오리	3~4cm	60℃	1~3시간	90분
칠면조	4~5cm	60℃	90분~3시간	3시간

뼈

뼈에는 골수를 따라 피가 흐르기 때문에 쉽게 오염될 수 있습니다. 따라서 뼈를 취급할 때는 항상 위생에 신경써야 합니다. 뼈를 제거한 적색육은 위의 표에서 안내한 시간과 온도보다 더 낮은 온도와 짧은 시간으로 조리해도 됩니다.

RECIPE 1

수비드 닭 가슴살-치킨 스테이크

SOUS-VIDE CHICKEN BREAST STEAK

단순하면서도 놀라운 결과물을 얻을 수 있는 닭 가슴살 스테이크 레시피입니다.
촉촉하고 부드러운 가슴살을 맛보시길 바랍니다.

재료 닭 가슴살 3개
허브소금 1g/ 개당
후추 약간
수비드 시간 1시간
수비드 온도 60.0℃

❶ 수비드 기기를 60.0℃ 로 예열합니다.

❷ 닭 가슴살의 앞뒤를 소금, 후추로 간합니다.

❸ 진공 포장을 합니다.

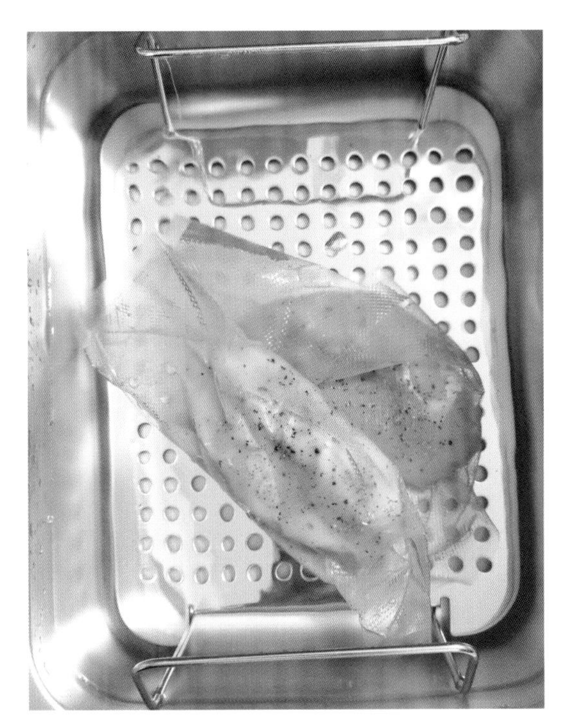

❹ 1시간 동안 수비드 조리합니다.

❺ 완성된 닭 가슴살의 표면에 열을 가해서 색을 냅니다.

❻ 완성된 요리를 제공합니다.

TIP 수비드가 끝나자마자 바로 섭취해도 괜찮지만, 토치나 팬을 이용해서 표면에 마이야르 반응을 낸 후 조리하면 좀 더 맛이 좋아집니다.

소금을 사용하지 않고 수비드를 해도 되지만, 결과물이 좀 더 퍽퍽해질 수 있습니다.

RECIPE 2

수비드 닭 다리살 - 닭갈비

SOUS-VIDE SPICY STIR-FRIED CHICKEN

뼈를 제거한 닭 정육은 닭 가슴살과 비슷한 온도에서 수비드 조리해도 무방합니다. 시간은 더 소요됩니다. 단순하면서도 직관적인 조리법을 시도해 보세요.

재료 닭 정육 750g

시판 닭갈비 양념 150g

수비드 시간 2시간

수비드 온도 60.0℃

❶ 수비드 기기를 60.0℃ 로 예열합니다.

❷ 닭 정육을 원하는 크기로 자른 후 닭갈비 양념에 잘 섞어 줍니다.

❸ 진공 포장을 합니다.

❹ 2시간 동안 수비드 조리합니다.

❺ 완성된 닭갈비를 팬으로 볶거나
추가적인 열을 가해서 완성합니다.

❻ 완성된 요리를 제공합니다.

TIP 채소와 떡 등을 가미한 닭갈비를 만들 때는 수비드 조리가 아닌 다른 조리법으로 준비하는 것을 추천드립니다. 떡과 채소 등의 수비드는 육류 수비드 온도보다 높은 온도로 조리해야 하기 때문에 미리 열을 가한 채소 등을 함께 넣고 수비드 조리를 하거나 별도로 조리한 채소와 수비드 고기를 섞어 주는 형식으로 마무리하는 것을 추천합니다.

RECIPE 3

수비드 통닭 - 백숙

SOUS-VIDE BOILED CHICKEN

수비드를 응용한 닭 백숙 조리법입니다.
더 농후한 육수와 쫄깃한 닭고기의 식감을 느낄 수 있습니다.

재료 5호 닭 1마리(약 530g)
다진 마늘 20g, 통마늘 10알
대파 50g, 생강 1g, 생수 500ml
소금 4g, 후추 약간

수비드 시간 8~10시간

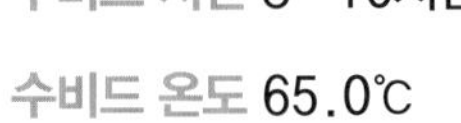

수비드 온도 65.0℃

❶ 수비드 기기를 65.0℃ 로 예열합니다.

❷ 통마늘, 대파, 생수, 생강, 소금을 넣고
육수를 끓였다가 식힙니다.

❸ 다진 마늘을 후추, 육수, 닭고기와 함께
진공 포장합니다.

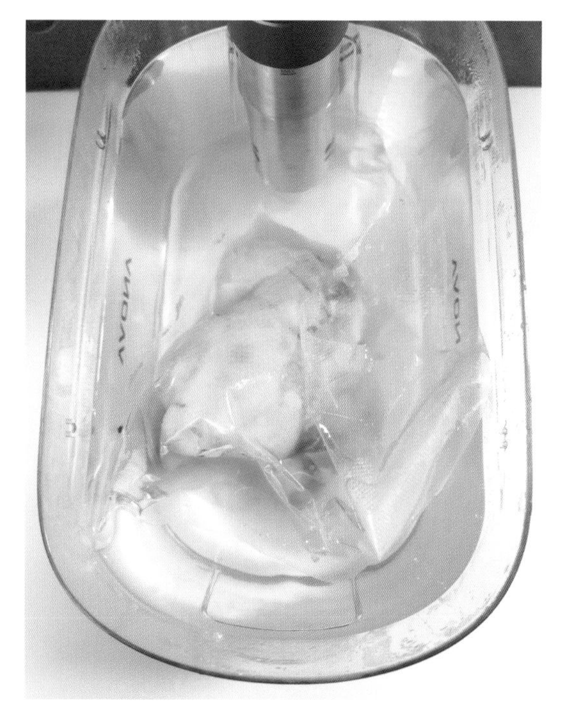

❹ 8시간 동안 수비드 조리합니다.
• 더 큰 닭을 사용할 경우 시간을 늘려 줍니다.

❺ 백숙을 냄비에 한소끔 끓입니다.

❻ 완성된 요리를 그릇에 담아냅니다.

TIP 닭의 사이즈가 작을수록 조리 시간이 단축됩니다.

찹쌀 등을 넣고 싶다면 미리 조리된 찹쌀을 닭 뱃속에 채웁니다. 이 경우 수분과 간을 1.5배 늘립니다.

동일한 이유로 향신료나 한약재를 추가로 넣을 때는 2단계인 육수를 만드는 과정에서 추가합니다.

RECIPE PART 3

수비드 돼지고기

돼지고기의 조리 방법은 가금류와 유사합니다.
수비드할 때는 미리 염지나 염장하기를 추천합니다.
돼지고기나 가금류 조리 시 염지나 염장이 반드시 필요한 것은 아니지만,
염지하면 수분 함유량이 늘어나고, 기름이 적은 살코기 부위가
씹히는 느낌이 좋아져서 햄과 같은 식감을 줍니다.

PORK

돼지고기 부위에 따른 추천 온도

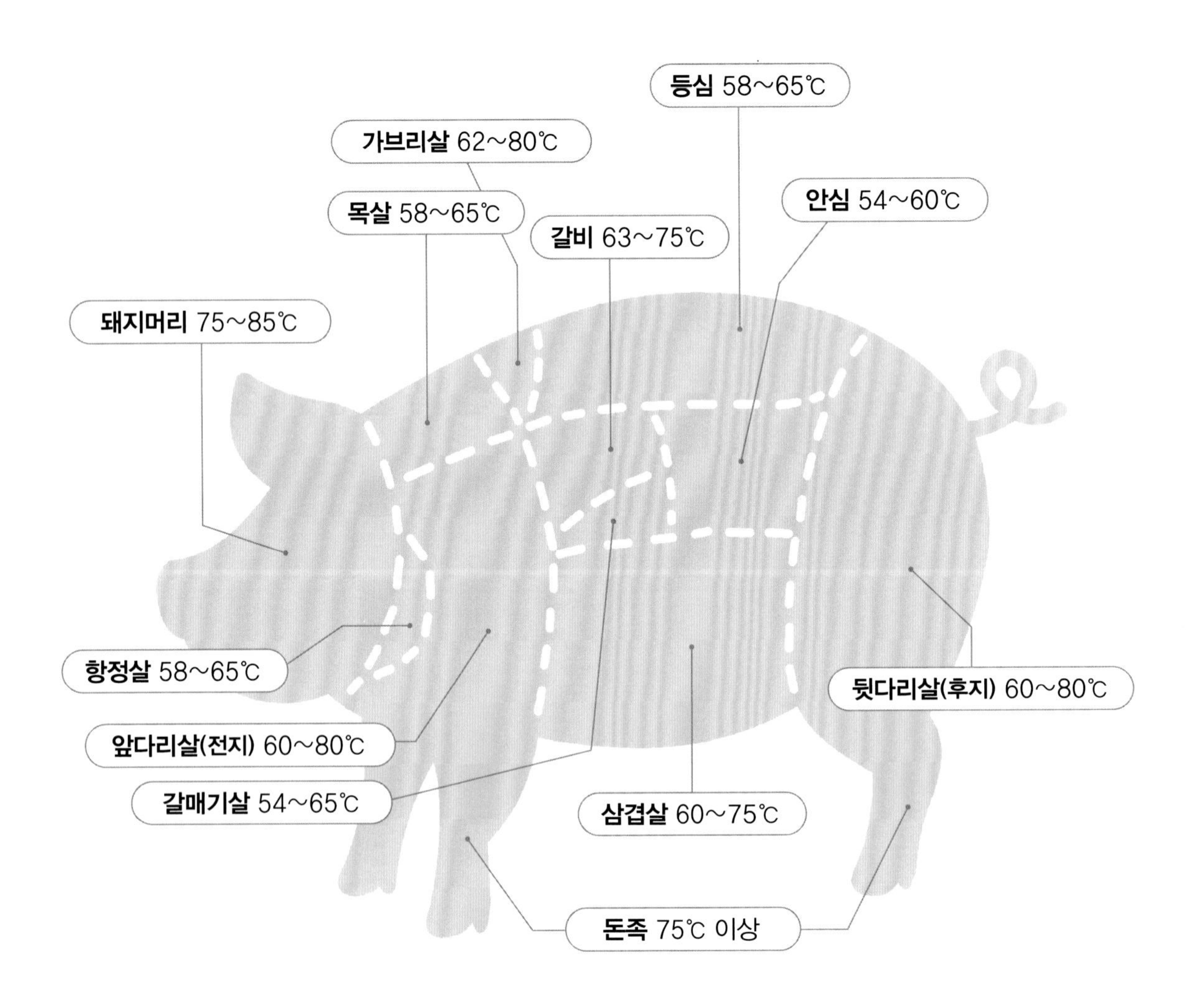

온도의 기본

돼지 옆구리살은 견고하고 덩어리가 큽니다. 빠르게 식힌 다음 건조해서 더욱 바삭한 껍질을 만드는 방식을 추천합니다. 그릴에서 조리할 때 차갑게 식히면 오버쿡을 방지하고 껍질을 더욱 바삭거리게 만들 수 있습니다. 취향에 따라서 튀기거나 팬에 프라이하는 것 중 택할 수 있습니다.

돼지의 어깨 부위는 기름이 적고 단단한 부위이므로 더 길고 느리게 조리해서 부드럽게 만들 수 있습니다. 풀드 포크처럼 장시간동안 수비드 조리해서 조직을 완전히 파괴하는 방법도 있습니다.

추천 온도와 시간

돼지고기는 달걀이나 가금류보다 크고 부위별로 조리 용도도 다양합니다. 따라서 식재료의 크기와 두께도 다양한데, 돼지고기를 수비드 조리할 때는 재료의 두께에 따라 시간과 온도를 다르게 설정하는 것이 중요합니다.

단, 이 책에서 알려주는 추천 온도와 도표는 육류 상태에 따라서 완전히 달라질 수 있기 때문에 어디까지나 일반적인 가이드라인으로 여겨야 합니다. 다양한 요리가 존재하는 만큼, 구현하고자 하는 요리에 맞는 시간과 온도를 스스로 찾아 보도록 합시다.

4cm 두께 이하의 얇은 돼지고기

	부드럽고 촉촉한 식감	기존 식감과 유사한 식감
온도	56-58℃	60℃
시간	90-120분	90-120분
저온 살균 시간	2시간 30분	2시간 30분

5cm 두께 이상의 두꺼운 돼지고기

	부드럽고 촉촉한 식감	기존 식감과 유사한 식감
온도	60-65℃	75℃
시간	24-48시간	8-12시간
저온 살균 시간	4시간	2시간 30분

RECIPE 1

수비드 통 삼겹살- 허브 삼겹 구이

SOUS-VIDE ROASTED HERB PORK BELLY

삼겹살은 한국인이 가장 사랑하는 돼지고기 부위입니다.

수비드 조리를 통해서 재해석된 삼겹살을 즐기시길 바랍니다.

재료 삼겹살 600g

건 로즈마리 0.5g

허브 소금 3g

후추 약간

수비드 시간 24시간

수비드 온도 65.0℃

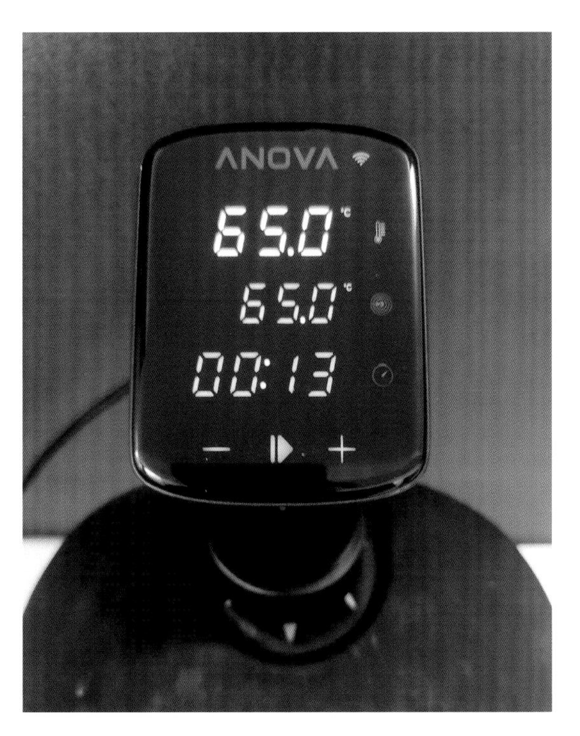

❶ 수비드 기기를 65.0℃ 로 예열합니다.

❷ 삼겹살 껍질에 칼집을 낸 다음 허브 소금, 건 로즈마리, 후추를 골고루 발라 줍니다.

❸ 진공 포장합니다.

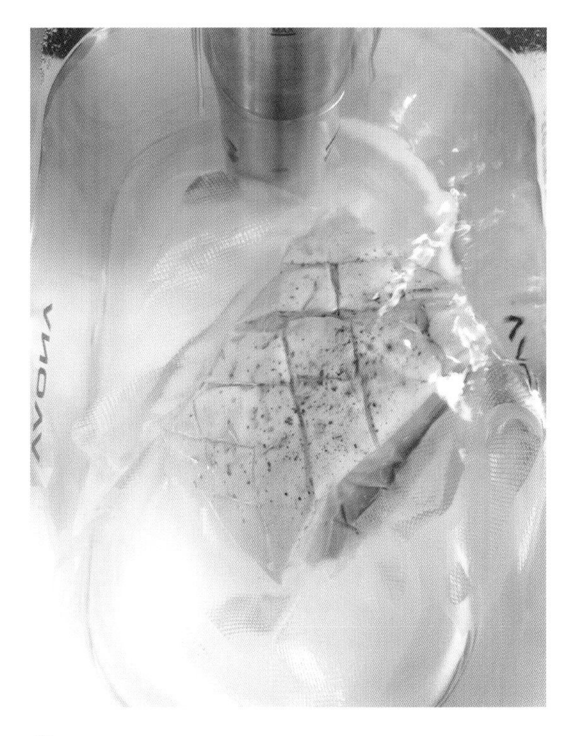

❹ 24시간동안 수비드로 조리합니다.

❺ 완성된 수비드 삼겹살을 1인분씩 자르고 시어링합니다.

❻ 완성된 요리를 접시에 담아 제공합니다.

TIP 삼겹살의 식감이 지나치게 부드러운 것이 싫다면 동일 온도에서 6시간만 수비드 조리한 후에 오븐이나 팬에서 마무리하는 세미 수비드 방식을 사용해도 무방합니다. 쫄깃한 식감은 증가하고 육즙은 풍부하게 즐길 수 있습니다.

RECIPE 2

수비드 돼지 안심- 안심 스테이크

SOUS-VIDE PORK TENDERLOIN STEAK

한국에서는 돼지 안심을 선호하지 않습니다. 하지만 해외에서는 소고기 스테이크만큼 사랑받는 부위이기도 합니다. 수비드로 만든 부드러운 돼지 안심 스테이크를 즐겨 보실까요?

재료 돼지 안심 150g
허브 소금 1g
후추 약간
올리브유 약간
수비드 시간 2시간
수비드 온도 58.0℃

❶ 수비드 기기를 58.0℃ 로 예열합니다.

❷ 돼지 안심에 소금과 후추를 뿌린 후에
식용 실 등을 이용해서 모양을 잡습니다.

❸ 진공 상태로 만듭니다.

❹ 2시간 동안 수비드 조리를 진행합니다.

❺ 돼지 안심을 꺼내서 표면에 올리브유를
발라 줍니다.

❻ 팬이나 토치로 색을 낸 후 완성된 요리를
제공합니다.

TIP 돼지 안심의 잡내를 확실하게 제거하고 싶다면 염지한 돼지 안심을 사용하는 방법도 있습니다.

RECIPE 3

수비드 돼지 전지 - 보쌈 수육

SOUS-VIDE BOILDED PORK ARM SHOULDER SLICES

삼겹살 같은 비싼 부위를 사용하지 않고도 부드럽고 촉촉한 보쌈육을 만들 수 있습니다.
또한 염지를 해서 수율을 최대한으로 올릴 수 있습니다.

재료 돼지 전지 600g
생수 1L
소금 50g, 설탕 30g, 향신료(취향껏)
통후추 약간, 미림 10ml, 다진 마늘 50g

수비드 시간 12시간

수비드 온도 60.0℃

❶ 물과 설탕, 향신료, 통후추, 미림을 잘 녹여서 염지액을 만듭니다.

❷ 염지액에 돼지 전지를 넣고 12시간 이상 냉장 상태로 염지를 진행합니다.

❸ 염지가 끝난 전지를 물로 한번 행군 뒤 물기를 제거하고 다진 마늘과 함께 진공 포장합니다.

❹ 60.0℃ 예열한 수비드 기기에서 12시간 동안 조리합니다.

❺ 완성된 수비드 보쌈을 먹기 좋게 썰고,
표면을 토치로 굽습니다.

❻ 완성된 요리를 제공합니다.

TIP 향신료는 취향에 따라 넣으면 됩니다.

염지액의 간이 너무 강해서 보쌈이 짜게 느껴지면 소금은 줄이고 인산염을 추가하는 것을 추천합니다.

돼지 후지를 사용해도 무방합니다.

RECIPE PART 4

수비드 **소고기**

소고기의 수비드 조리는 돼지고기와 비슷하면서도 더 어렵게 느껴질 수 있습니다.
부드러운 부위와 질긴 부위를 구별하며 익숙해지는 것이 소고기 수비드의 핵심입니다.

BEEF

소고기 부위에 따른 추천 온도

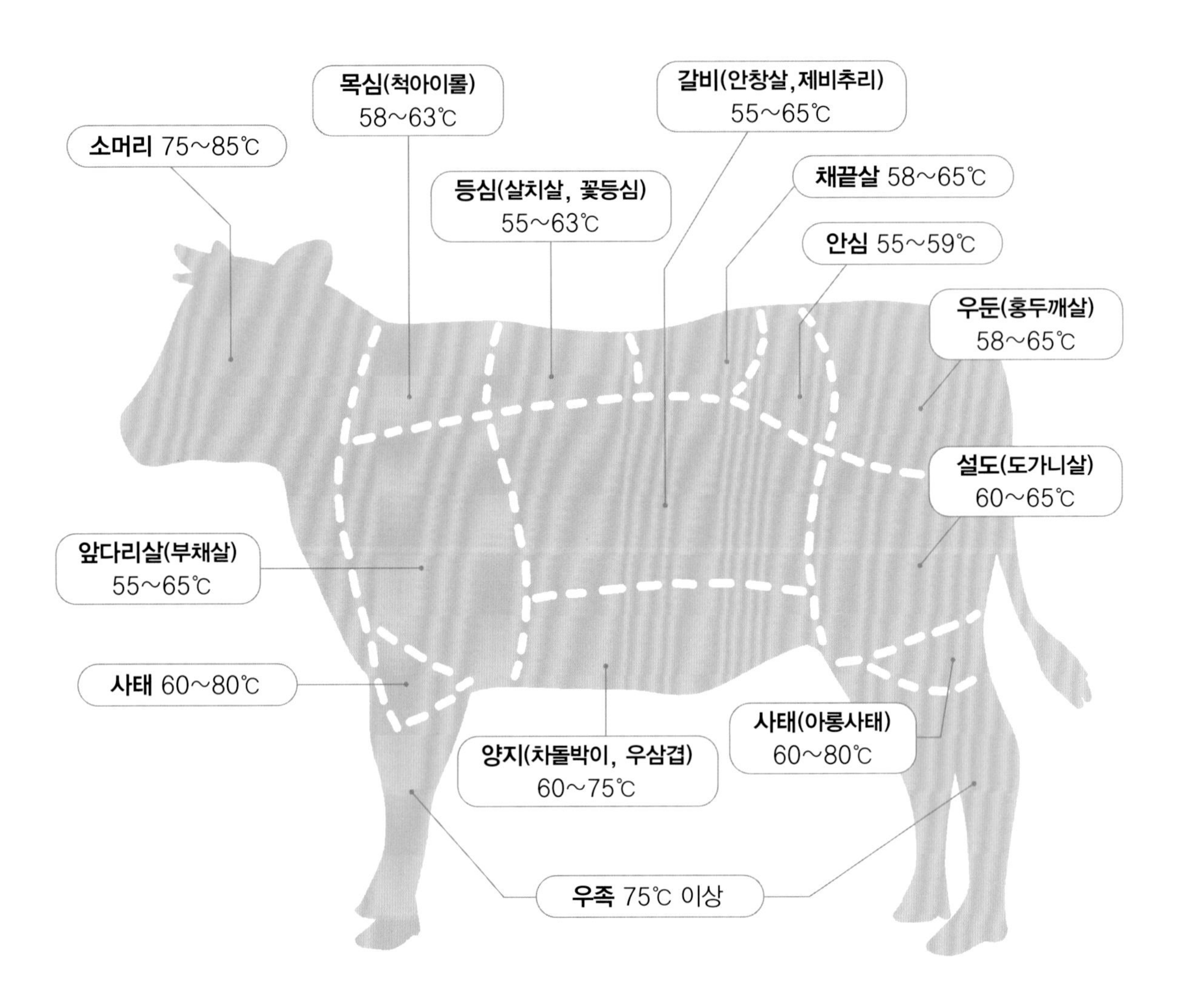

온도의 기본

부드러운 부위와 질긴 부위를 구별하는 것이 소고기 수비드의 핵심입니다. 온도와 시간이 고기의 질감에 어떻게 영향을 미치는지 확인하고 익숙해지려면 연하고 얇은 부위를 먼저 시도해 보고, 익숙해지면 점점 더 크고 질긴 부위를 조리하면 됩니다.

크고 질긴 부위는 추천하는 온도와 시간을 지키는 것이 매우 중요합니다. 그 외에도 수비드 조리를 하기 전에 프리시어링을 하면 식감을 개선하는 데 도움을 줍니다.

추천 온도와 시간

Ⓐ 연하고 얇은 부위 Ⓑ 연하고 두꺼운 부위 Ⓒ 질기고 얇은 부위 Ⓓ 질기고 두꺼운 부위

Ⓟ는 조리 시간과 무관하게 저온 살균에 필요한 시간입니다.

목심 | 조리하는 동안 녹는 결합 조직이 많은 부위

Ⓓ부채살 Ⓓ목심에서 사태까지

갈비 | 스테이크나 로스트에 좋은 부위

Ⓐ꽃등심 Ⓑ통 갈비 Ⓓ갈비

윗양지 | 스프나 스튜, 가공 쪽에서 선호하는 부위

Ⓓ차돌박이

아래양지 | 더 긴 조리 시간이 요구되는 기름이 적고 매우 단단한 부위

Ⓒ안창살 Ⓒ양지부위

우둔 | 기름이 적고 적당한 단단함을 가진 부위

Ⓑ통 우둔살 Ⓐ우둔살 스테이크

안심/등심 | 연하고 풍미가 최고인 부위

Ⓑ통안심 Ⓐ안심 스테이크(필레미뇽) Ⓐ포트하우스 스테이크

Ⓐ티본 스테이크 Ⓐ윗등심 스테이크 Ⓐ등심 스테이크

<table>
<tr><th rowspan="2">익히는 정도</th><th rowspan="2">온도</th><th colspan="2">부드러운 부위</th><th colspan="2">단단한 부위</th></tr>
<tr><th>Ⓐ얇은 부위 (3~4cm)</th><th>Ⓑ두꺼운 부위 (5~8cm)</th><th>Ⓒ얇은 부위 (3~4cm)</th><th>Ⓓ두꺼운 부위 (5~8cm)</th></tr>
<tr><td>rare</td><td>50℃</td><td rowspan="4">1~2시간</td><td colspan="3">권장하지 않습니다</td></tr>
<tr><td>medium-rare</td><td>55℃</td><td>Ⓟ2시간30분 ~3시간</td><td>Ⓟ4시간 30분 ~ 6시간 30분</td><td rowspan="3">Ⓟ 24시간</td><td rowspan="3">Ⓟ 36~72시간</td></tr>
<tr><td>medium</td><td>60℃</td><td>Ⓟ1시간 30분 ~2시간</td><td>Ⓟ2시간 30분 ~ 4시간</td></tr>
<tr><td>well-done</td><td>70℃</td><td>Ⓟ1시간~1시간 30분</td><td>Ⓟ2~3시간</td></tr>
</table>

• 추천 온도와 도표는 육류 상태에 따라서 달라질 수 있기 때문에 일반적인 가이드라인으로 여겨야 합니다.

RECIPE 1

수비드 엘본 - 엘본 스테이크

SOUS-VIDE L-BONE STEAK

등심, 안심을 한 번에 즐길 수 있는 티본 스테이크는 오래 전부터 인기가 많은 요리입니다.
두껍고 크기 때문에 골고루 익히기가 힘든 재료이지만 수비드로는 손쉽게 만들 수 있습니다.

재료 엘본 스테이크 650g(두께 약 3cm)

허브소금3g

통후추 약간

가염 버터5g

수비드 시간 2시간

수비드 온도 58.0℃

❶ 58.0℃로 수비드 기기를 예열합니다.

❷ 엘본의 표면에 허브 소금과 통후추 그리고 버터를 골고루 발라 줍니다.

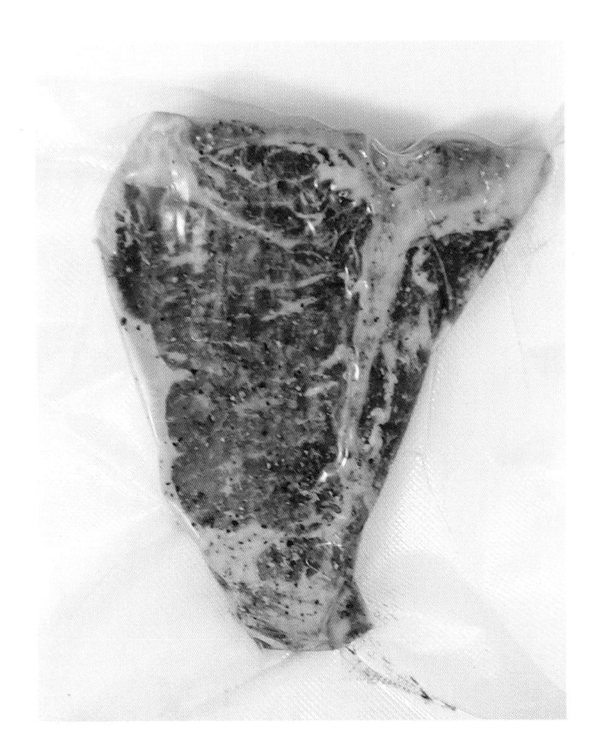

❸ 진공 포장합니다.

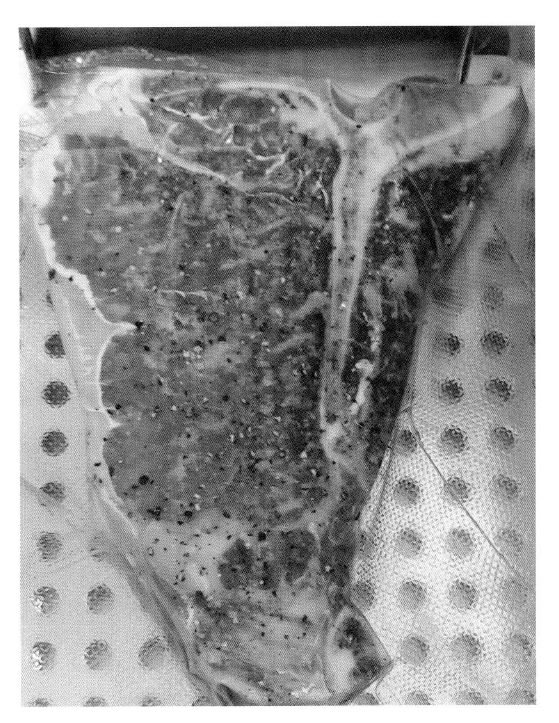

❹ 두 시간 동안 수비드 조리를 합니다.

❺ 완성된 스테이크의 표면에 토치나 오븐으로 색을 냅니다.

❻ 완성된 요리를 제공합니다.

TIP 수비드로 육류를 조리할 때는 버터를 많이 넣으면 육질이 뻣뻣해질 수 있습니다.
향을 내는 용도로만 조금 사용하거나 수비드 조리가 끝난 후에 색을 낼 때 사용하는 것이 좋습니다.
엘본의 뼈 때문에 진공 포장 시 구멍이 날 수 있습니다. 이럴 때는 진공을 조금 느슨하게 하거나,
부드러운 재료 등으로 날카로운 부위를 감싸 주면 좋습니다.

RECIPE 2

수비드 소고기 안심 - 안심 스테이크

SOUS-VIDE BEEF TENDERLOIN STEAK

국내에서 소고기 안심은 비싸지만 질기고 맛없는 부위라는 인상이 강하지만
세계적으로는 부드럽고 육즙이 많은 고급 부위입니다.
수비드로 조리해 안심 스테이크의 섬세하고 부드러운 육질과 육즙의 풍부함을 즐겨 봅시다.

재료 소고기 안심 150g×2ea
소금 약간, 후추 약간
버터 10g
바비큐 소스 50ml
수비드 시간 50분
수비드 온도 58.0℃

❶ 58.0℃로 수비드 기기를 예열합니다.

❷ 안심 앞뒤로 소금과 후추를 뿌린 후 진공 포장합니다.

❸ 50분동안 수비드 조리합니다.

❹ 안심에 버터를 바르고 시어링을 해서 색을 냅니다.

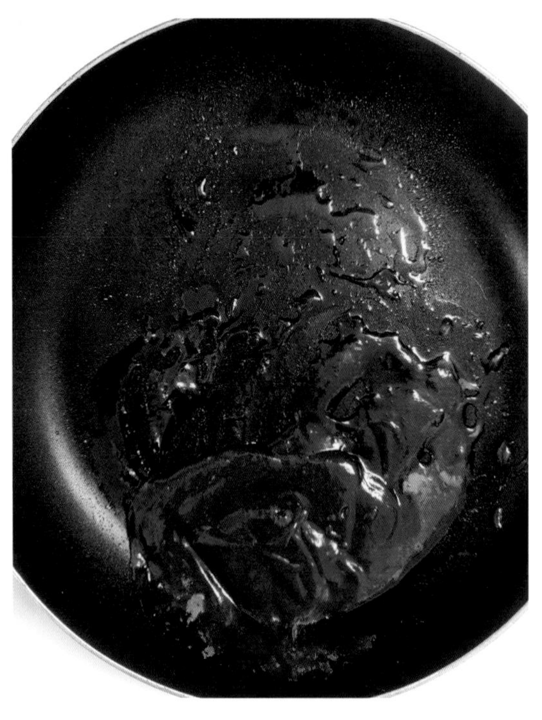

❺ 스테이크에서 나온 육즙에 버터와 소스를 넣고 졸입니다.

❻ 소스와 스테이크를 같이 냅니다.

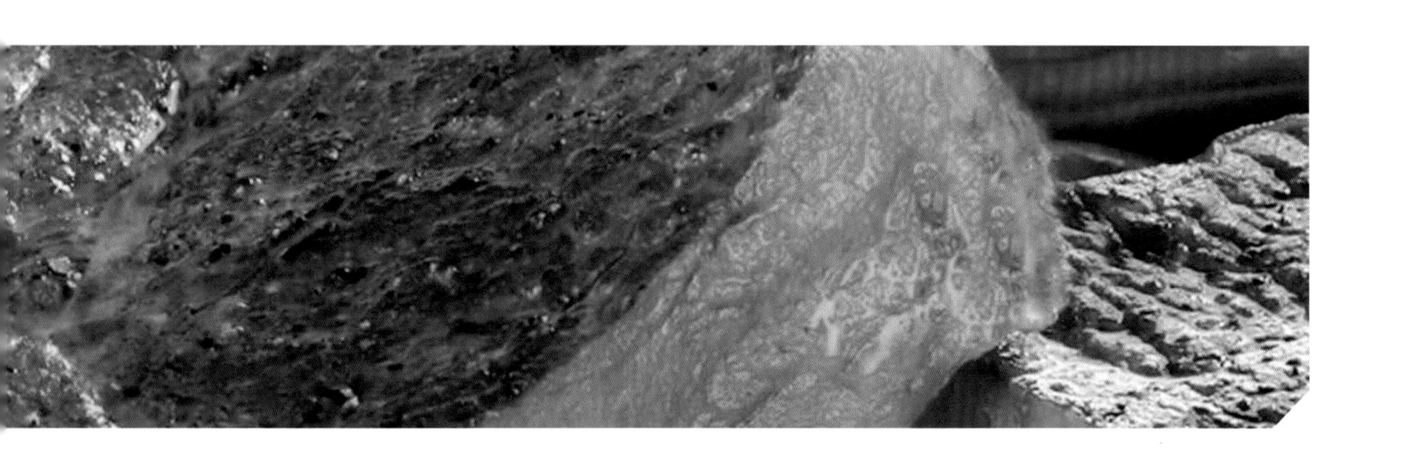

TIP 수비드 조리를 하는 동안 고기가 조리되면서 발생한 수분은 풍부한 육즙입니다.
체로 한번 걸러서 소스를 만들 때 사용하면 맛이 풍부해집니다.
이때 주의할 점은 육즙에도 간이 있기 때문에, 수비드 조리로 발생한 육즙을 육수나 소스에 사용할 때 간을 조절해야 합니다.

RECIPE 3

수비드 소고기 목등심 - 불고기

SOUS-VIDE SHOULDER-LOIN BARBEQUE

안심보다 저렴하고 맛있는 부위인 목등심을 활용하는 요리입니다.
부드러운 질감과 고소한 맛을 살리는 수비드 조리로 소고기 불고기를 만들어 봅시다.

재료 목등심 슬라이스 500g, 불고기 양념 100g

- 시판 소스의 양은 육류의 1/5 정도가 적정

다진 마늘 10g, 파 50g, 양파 120g

참기름 5g, 볶은깨 약간

수비드 시간 90분

수비드 온도 60.0℃

❶ 60.0℃로 수비드 기기를 예열합니다.

❷ 목등심 슬라이스를 불고기 양념에 버무린 후 진공 포장합니다.

❸ 한 시간 반 동안 수비드 조리합니다.

❹ 팬에 참기름을 두르고 양파 슬라이스, 어슷썬 파, 마늘을 넣고 볶습니다.

❺ 양파가 투명해지면 불고기를 넣고
약 1~2분 동안 볶아서 색을 냅니다.

❻ 깨를 뿌려서 완성합니다.

TIP 수비드 조리를 할 때 가장 큰 장점은 마리네이드 시간이 별도로 필요하지 않다는 것입니다.
수비드 조리 중에 마리네이드와 연육이 동시에 이루어지기 때문에
조리 과정과 시간을 단축할 수 있습니다.

RECIPE PART 5

수비드 해산물

한국에서 해산물 수비드는 아직 낯설지만 매우 매력적인 식재료입니다.
해산물의 수비드 조리는 난이도가 높다는 인식이 있지만
육류 대비 짧고 빠르게 조리할 수 있고 재료 본연의 섬세하고 깊은 맛을 살릴 수 있습니다.

AFOOD

해산물 수비드의 기본 원리

얼마 전까지만 해도 가정에서도 업소에서도 해산물 수비드를 꺼리는 경향이 강했습니다. 가장 큰 이유는 식중독 때문입니다.

기본적으로 육류의 수비드 온도는 충분히 저온 살균이 가능한 온도입니다. 하지만 해산물은 육류보다 섬세하고 근섬유가 갈기갈기 찢겨 있기 때문에 육류보다 최소 10℃ 정도 낮은 온도에서 조리가 이루어져야 질기거나 딱딱해지는 오버쿡을 막을 수 있습니다.

이렇게 해산물의 수비드 조리는 기본 온도도 낮고 조리 시간도 짧기 때문에 저온 살균을 충분히 하지 못해 식중독에 취약할 수 있습니다.

또한 수비드로 재료를 조리하면 향을 배가하는 효과가 나는데, 신선하지 않은 해산물에게서 나는 특유의 비린내도 같이 증가할 위험이 있어 주의해야 합니다.

따라서 해산물을 수비드할 때는 최대한 신선한 재료를 사용하고, 염지 등의 작업을 별도 진행해서 잡균과 잡내를 제거할 것을 추천합니다.

해산물 수비드 온도 및 시간 가이드(1cm 두께 기준)

조리상태	온도	시간
rare	43℃	10~20분
medium-rare	50℃	10~30분
medium	60℃	10~15분

위의 온도 및 시간 가이드 표에 기재된 시간은 저온 살균을 위한 시간이 포함되어 있지 않습니다. 따라서 반드시 신선한 해산물 재료만 사용해야 합니다. 또한 면역력이 낮은 사람들에게는 수비드 조리를 추천하지 않습니다.

1cm 두께의 생선과 조개류를 저온 살균하기 위해서는 60℃에서 1시간 10분 동안 수비드 조리를 하면 됩니다. 다만 이렇게 높은 온도에서 긴 시간 조리하면 해산물의 식감과 질감이 저하되어 질기고 딱딱해지는 현상이 나타날 수 있습니다.

팁으로는, 버터나 올리브유 같은 기름을 많이 넣으면 질감을 향상시키고 모양도 유지할 수 있습니다.

추천 온도와 시간

	온도	시간
기름이 적은 생선	온도 50~58℃	시간 20~30분

대구, 가자미, 광어, 넙치류, 농어, 숭어, 아귀, 도미류 등입니다.

	온도	시간
기름이 많은 생선	온도 47~60℃	시간 15~60분

참치, 송어, 갈치, 연어 등입니다.
60℃처럼 높은 온도에서 장시간 수비드 조리할 경우 맛과 식감이
통조림 식품처럼 변하므로 최대한 짧은 시간 내에 조리합니다.

	온도	시간
갑각류 & 조개관자	온도 50~60℃	시간 20~60분

껍질이 있는 해산물입니다.
갑각류는 껍질과 함께 조리하면 풍미를 살릴 수 있습니다.

	온도	시간
어패류	온도 50~60℃	시간 20~60분

조개관자와 동일하게 조리하면 됩니다.
다만, 식중독균 증식의 우려 때문에 한국산 어패류는
전복을 제외하고는 추천하지 않습니다.

	온도	시간
연한 두족류	온도 60℃	시간 1~2시간

두족류는 종류에 따라 단백질의 조밀도가 다릅니다.
연한 조직을 가진 오징어나 주꾸미는 60℃에서 1~2시간 조리합니다.

	온도	시간
질긴 두족류	온도 60~85℃	시간 5~24시간

식감이 질긴 문어는 60℃에서 24시간, 77℃에서 5시간,
85℃에서 24시간을 추천합니다.

민물고기

민물고기는 아무리 재료가 신선하더라도
수비드 조리를 추천하지 않습니다.
식중독의 위험이 크기 때문입니다.

RECIPE 1

수비드 연어 - 연어 스테이크

SOUS-VIDE SALMON STEAK

연어 스테이크는 해산물 수비드에 좋은 재료입니다. 신선한 재료를 손쉽게 구할 수 있으며.
식감 변화도 뚜렷합니다. 기존 연어 스테이크가 퍽퍽하게 느껴진다면
부드럽고 촉촉한 수비드 연어 스테이크를 즐겨 보시길 바랍니다.

재료 연어 필렛 320g
올리브유 70ml
허브 소금 1.5g
후추 약간, 레몬 반쪽

수비드 시간 20분

수비드 온도 50.0℃

❶ 50.0℃로 수비드 기기를 예열합니다.

❷ 연어 필렛에 소금과 후추를 뿌립니다.

❸ 올리브유와 함께 진공 포장합니다.

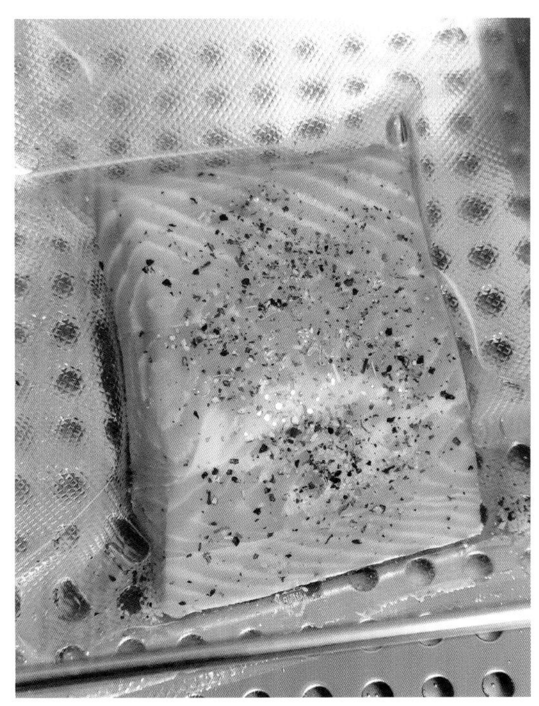

❹ 20분 동안 수비드 조리합니다.

❺ 팬을 중불로 달구고 올리브유를 두른 후 연어 겉면을 살짝 구워 색을 냅니다.

❻ 레몬즙을 뿌리고 레몬을 장식해서 완성합니다,

TIP 연어를 진공 포장할 때 충분한 양의 올리브유를 넣으면 연어 표면에 발생하는 알부민의 잔류를 막아 표면이 깔끔하게 남습니다. 진공 포장하는 과정에서 찌그러지는 것도 방지합니다.
껍질이 있는 연어를 사용할 때는 수비드 조리가 완료된 뒤 껍질 부분만 구워서 제공해도 좋습니다.

RECIPE 2

수비드 새우 - 감바스 알 아히요

SOUS-VIDE SHRIMP GAMBAS AL AJILLO

**감바스 알 아히요는 근래에 국내에서 많은 사랑을 받고 있는 새우 요리입니다.
수비드로 조리하여 마늘의 깊은 맛과 새우의 풍미가 한층 올라간
감바스 알 아히요를 즐겨 보시길 바랍니다.**

재료 새우 400g • 껍질 제거 시 약 250g
통마늘 200g, 허브 소금 3g
후추 1g, 페페론치노 5g
올리브유 500ml

수비드 시간 30분

수비드 온도 60.0℃

❶ 올리브유에 통마늘을 넣고 마늘이 익을 때까지 끓였다가 페페론치노를 넣고 식힙니다.

❷ 새우의 껍질을 까고 소금과 후추로 미리 간을 합니다.

❸ 기름과 새우를 섞어 진공 포장합니다.

❹ 60.0℃로 예열한 수비드 기기에서 30분 동안 조리합니다.

❺ 완성된 감바스 알 아히요를 한 번 더 끓입니다

❻ 완성된 요리를 담아냅니다.

TIP 마늘을 끓일 때 새우 껍질을 함께 넣고 끓였다가 껍질을 건져 내면 감칠맛을 더할 수 있습니다.

마늘과 새우를 다 먹고 남은 감바스의 기름으로 파스타를 볶아도 맛있습니다.

RECIPE 3

수비드 삼치 - 삼치 스테이크

SOUS-VIDE SEERFISH STEAK

고등어와 비슷해 보이지만 좀 더 크고 살이 단단한 삼치는
수비드 조리로 흥미로운 식감이 나타납니다. 색다른 삼치 스테이크를 즐기시길 바랍니다.

재료 삼치 필렛 150g

- 냉동된 제품은 해동해서 사용

올리브유 20ml, 소금 1.5g, 후추 약간
레몬 반쪽, 간장 5ml, 참기름 5ml

수비드 시간 20분

수비드 온도 55.0℃

❶ 55.0℃로 수비드 기기를 예열합니다.

❷ 삼치 필렛에 소금과 후추를 뿌립니다.

❸ 올리브유와 함께 진공 포장합니다.

❹ 20분 동안 수비드 조리합니다.

❺ 팬을 중불로 달구고 참기름을 두릅니다.
삼치의 껍질 부분부터 올려서 간장과 레몬즙을 뿌립니다.

❻ 레몬 등으로 장식합니다.

TIP 껍질을 구울 때 간장은 팬의 바닥에 붓고 레몬즙은 삼치의 살 부분에만 뿌립니다.
양쪽을 다 구워도 되지만 껍질 부분만 구워 주셔도 삼치의 풍미를 충분히 즐길 수 있습니다.

RECIPE PART 6

수비드 채소와 과일

수비드 채소와 과일 요리는 기존 요리법과 다르게 형태를 유지하면서도
식감을 바꿀 수 있어서 다양하게 응용할 수 있습니다.

ABLES
FRUITS

채소와 과일 수비드의 기본 원리

85℃는 채소와 과일을 조리할 때 중요한 온도입니다. 이 온도부터 채소와 과일의 주성분인 펙틴과 전분이 변화하기 때문입니다.

단백질 성분을 변화시키는 육류, 해산물의 수비드와는 달리 채소와 과일의 수비드는 섬유질을 강화하거나 식감을 유지하면서도 부드럽게 만들 수 있어 흥미롭습니다.

기존 요리법과 달리 모양을 유지하면서도 식감을 바꿀 수 있어서 수비드 조리를 다양하게 응용하여 새로운 요리를 창작할 수 있는 것이 특징입니다.

조리 시 주의 사항

섬유질은 99℃ 이상으로 올라가야 파괴됩니다. 따라서 수비드 조리로는 섬유질을 강화할 수는 있어도 파괴는 불가능하다는 점을 고려하고 요리를 구상해야 합니다.

또한 해산물이나 육류, 가금류 수비드보다 높은 온도에서 조리되기 때문에 조리 시 자칫하면 진공 팩의 밀봉이 풀립니다. 높은 온도에서 조리할수록 더욱 주의해서 진공 작업합니다.

종류별 식감

채소와 과일은 종류별로 섬유질과 전분, 펙틴 등 주요 구성 요소가 다양하기 때문에 구성 요소에 따라 식감도 다르게 나타납니다.

- 섬유질이 많은 채소와 과일은 섬유질이 강화되면서 아삭한 식감이 강화됩니다.
- 전분이 많은 채소는 전분이 호화되면서 부드러운 식감이 강화됩니다.
- 펙틴이 많은 과일과 채소는 부드럽고 탄성있는 식감이 강화됩니다.

수비드로 조리하면 식감만이 아니라 향도 증가하는데, 채소와 과일의 각 품종별로 지닌 기본 향만이 아니라 남아 있는 다른 향도 강하게 증진됩니다. 따라서 재료를 다듬을 때 표면에 붙어 있는 흙과 이물질 등을 확실하게 제거해야 합니다.

추천 온도와 시간

채소와 과일을 조리하기 위한 온도와 시간

뿌리 식물

온도 85℃ **시간** 1~4시간

비트, 당근, 감자, 얌, 순무, 무, 래디시, 고구마, 아티초크 등입니다.
3cm 이하의 두께로 조리했을 때의 온도와 시간입니다.

다른 채소들

온도 85℃ **시간** 45분~2시간

옥수수, 가지, 펜넬, 양파, 애호박 등
3cm 이하의 두께로 조리했을 때의 온도와 시간입니다.

두류

온도 85℃ **시간** 6~24시간

콩은 미리 6~8시간 동안 불려 둡니다. 조리를 할 때 진공 팩에
물을 충분히 넣어서 콩이 물을 흡수할 수 있도록 합니다.

온도 84℃ **시간** 6~9시간

병아리콩은 진공 팩에 넣기 전 충분히 불리고 진공 팩에 넣을 때
허브나 오일, 소금을 넣어도 좋습니다.

과일류

온도 84℃ **시간** 45~90분

멜론, 사과, 배, 망고, 복숭아, 넥타린, 블루베리, 딸기, 자두 등입니다.
시럽이나 주스, 차, 식초 등과 함께 조리하면 놀라운 풍미를 느낄 수 있습니다.

RECIPE 1

수비드 감자 - 감자 퓌레

SOUS-VIDE POTATO PUREE

수비드를 통한 감자 퓌레만큼 수비드 채소의 강점을 보여주기 좋은 레시피는 드뭅니다.
부드럽고 촉촉한 수비드 감자 퓌레를 즐겨 보세요.

재료 깐 감자 500g

가염 버터 200g

우유150g

후추 약간, 소금 약간

수비드 시간 45분

수비드 온도 85.0℃

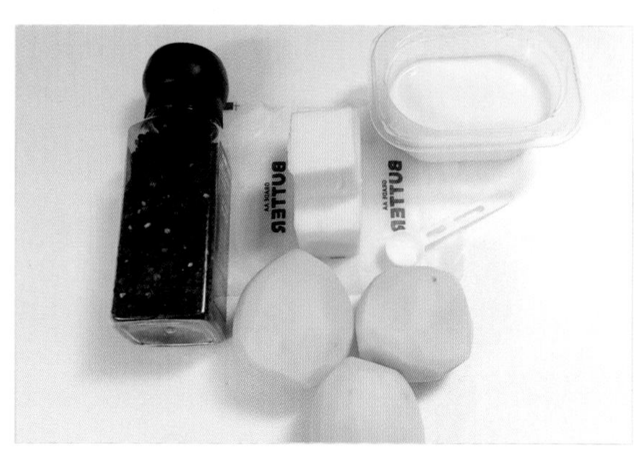

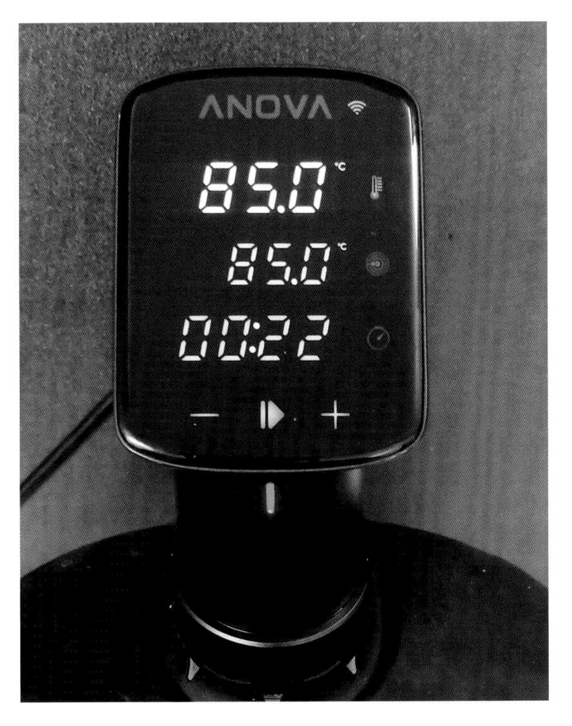

❶ 85.0℃로 수비드 기기를 예열합니다.

❷ 감자를 최대한 작게 자릅니다.

❸ 진공 팩에 감자, 버터, 우유, 소금을 같이 넣고 포장합니다.

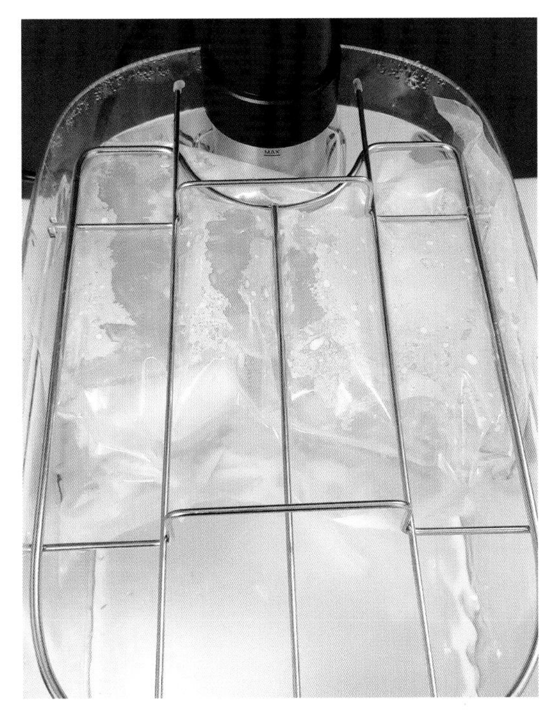

❹ 45분동안 수비드합니다.

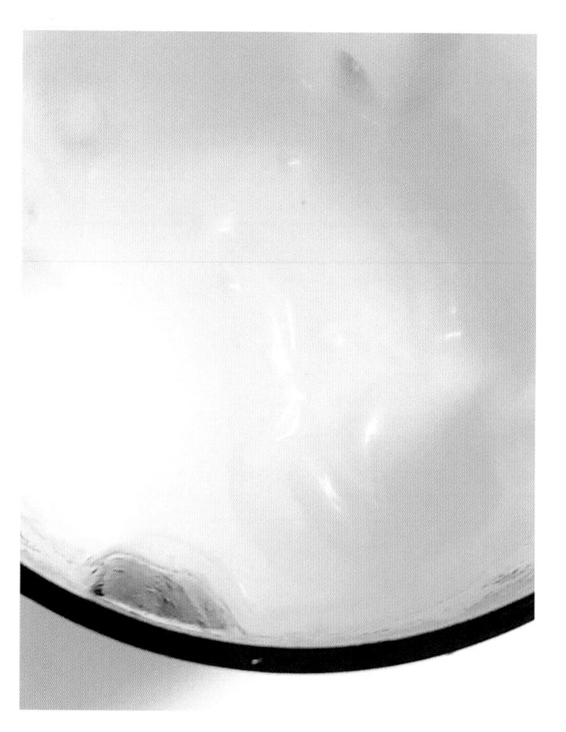

❺ 완성된 감자를 믹서기나 블렌더에 넣고 갑니다.

❻ 접시에 담고 후추를 뿌려서 완성합니다.

TIP 감자를 작게 자르지 않고 수비드 조리해도 되지만, 덩어리가 클수록 익는 속도가 느려집니다.
우유량에 따라 농도를 조정할 수 있습니다.

RECIPE 2

수비드 고구마 - 익힌 고구마

SOUS-VIDE BOILED SWEET POTATO

수비드 조리를 하면 고구마에 든 효소가 전분을 당화시켜 고구마의 당도가 올라갑니다.
달콤하고 고소한 수비드 고구마를 맛보세요.

재료 고구마 500g(중자 3개)

수비드 시간 4시간

수비드 온도 1회_ 60.0℃

2회_ 85.0℃

❶ 60.0℃로 수비드 기기를 예열합니다.

❷ 고구마의 껍질을 제거하거나 잘 씻어서 진공 포장합니다.

❸ 2시간동안 수비드 조리합니다.

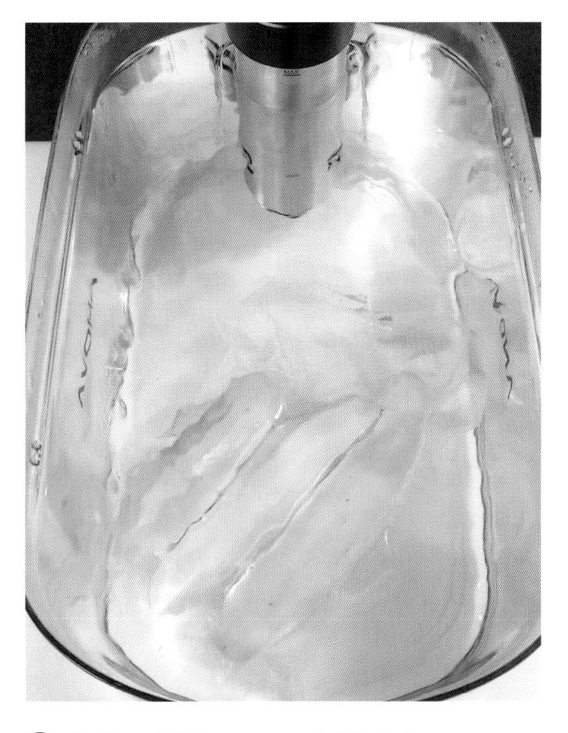

❹ 수비드 기기를 85.0℃ 예열합니다.

❺ 추가로 2시간 동안 수비드 조리합니다.

❻ 접시에 담아 제공합니다.

TIP 껍질째 수비드 조리 시 섬유질이 강화되기 때문에 식감이 불편할 수도 있습니다.
흙을 최대한 제거해 흙냄새가 느껴지지 않게 하거나 껍질을 제거하고 조리하는 것을 추천합니다.

RECIPE 3

수비드 딸기 - 딸기잼

SOUS-VIDE STRAWBERRY JAM

특별한 첨가물이나 보존제가 필요하지 않고 수비드로 신선하게 만들 수 있는 딸기잼입니다.

재료 딸기 450g

- 냉동 딸기는 해동 후 사용

비정제설탕150g, HM 펙틴 10g

소금 2g, 레몬 주스 10ml

수비드 시간 1시간 30분

수비드 온도 85.0℃

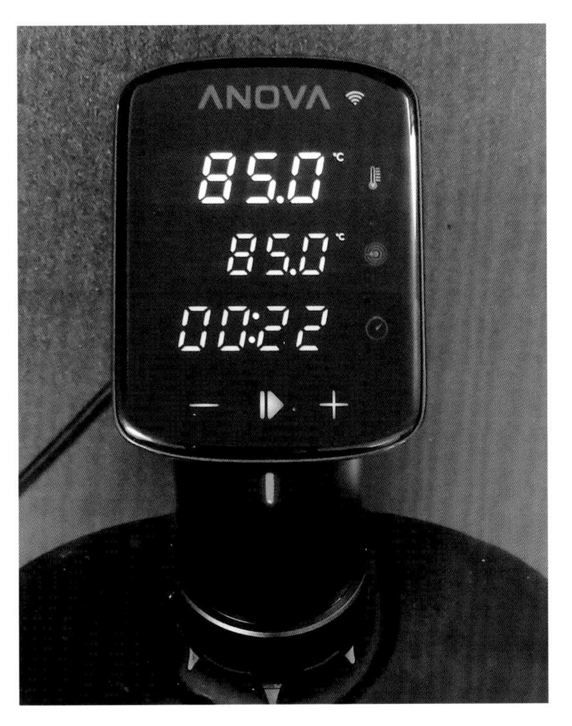

❶ 85.0℃로 수비드 기기를 예열합니다.

❷ 딸기를 먹기 좋은 사이즈로 잘라 줍니다,

❸ 설탕과 펙틴, 소금, 레몬 주스를 딸기에 섞고 10분 동안 실온에서 보관합니다.

❹ 진공 포장 후에 1시간 30분 동안 수비드 조리합니다.

❺ 완성된 잼을 냉장 보관합니다.

❻ 필요할 때마다 조금씩 담아냅니다.

TIP 밀봉할 때 진공 팩이 아니라 내열 유리병을 넣어서 수비드 조리하는 것도 좋습니다.
펙틴을 추가로 넣지 않는 경우, 루바브처럼 펙틴이 많이 함유된 과일을 혼합하는 방법도 있습니다.

수비드의 정석

지은이 김경호, 정상길, 안성준, 최다현

초판 1쇄 발행일 2022년 4월 1일
초판 2쇄 발행일 2022년 11월 1일

발행인 오종필
책임 편집 위크래프트
디자인 김경희
발행처 제이알매니지먼트
주소 서울시 금천구 디지털로9길 41, 삼성IT해링턴타워 712호

ISBN 979-11-91730-05-0 13590